4 云的超能力

[日] 荒木健太郎◎著
宋乔 杨秀艳◎译

中国纺织出版社有限公司

测一测你的 爱云技术等级

0级
看见过云

1级
曾经有过腾云驾雾的想法

2级
拍过云的照片，并在社交网络上分享

3级
知道三种以上云的名称

4级
拥有这套《超有趣的云科学》

5级
能够利用雷达图知道何时下雨，从而不被雨淋

6级

能够预测大气光学现象，并亲眼验证

7级

用肉眼对云质粒的种类进行大致判断

8级

预测云的出现，并开始追寻它们

9级

分享对云的热爱，改变其他人的生活

10级

生命中不能没有云

曾经听到有人说“小时候经常仰望天空，现在都不留意看了”，可能很多人都有这样的感慨吧。大家还记得盛夏的感觉吗？蔚蓝的天空飘浮着大团大团的云朵，这一壮观景象让人真切地感受到夏天的热情。大家想必也见过，猛烈雷雨过后出现的让人心醉的美丽彩虹吧。

如果我们抬头仰望，几乎每天都能看到云朵，云作为大自然的一部分，一直都在我们身边。或许，很多朋友在竞争激烈的社会中拼搏，学生们忙于学业，成年人忙于工作，大家很少有机会再去仰望天空。我创作《超有趣的云科学》这套书的目的就是给这些朋友提供一个机会，让大家尽情享受仰望天空的乐趣。此外，对于那些平时留意观看天空、喜欢在社交网络上发布云和天空照片的朋友，我还会分享一些技巧，让大家能够遇到自己喜欢的云朵，享受更多观云乐趣。

刚开始我以“爱云的技术”为题目做讲座的时候，参加讲座的气象“发烧友”提问道：“爱云还有技术吗？”是的，爱云也是有技术的。当然，即便没有这种“爱云的技术”，也可以很好地享受观云的乐趣。你可以尽情地想象乘坐“筋斗云”在天空遨游，可以惊叹于停留在山顶附近的长得像不明飞行物的奇怪云彩，你还可以和三两好友谈笑风生，望着云朵露出开心的笑容。然而，你要是学会了爱云的技术，你对云的爱会变得更加深沉。

现在我是一名专门研究云的“云彩研究者”，但是我之前并没有非常喜欢云。在写前一本书《云中发生了什么事》的时候，我第一次思考应如何描述云朵的“内心”，才算真正开始认识云。从那时起，云不再是单纯的研究对象，它们变得栩栩如生，开始跟我聊天，而我的世界也从此大不相同。我领悟到，只要主动去了解云，倾听云的声音并解读它的内心，我们就可以和云进行沟通，并爱上云。可以说，“越是相知，越是相爱”。我写这套书就是想和爱云爱得无法自拔的广大云友们分享，加深大家对云的喜爱，并把这种喜爱传播开来。

这套《超有趣的云科学》共分为 5 册，向所有爱云的小朋友和大朋友讲述关于云朵你需要知道的那些事。

在《超有趣的云科学 ①云从哪里来》里，你能学到和云相关的基本知识，初步认识怎样的大气条件下能产生云。

在《超有趣的云科学 ②这是什么云》里，你能学到世界各国气象机构统一使用的云朵名字和分类方法。这样，你就能认识遇到的云朵小朋友的名字了。

在《超有趣的云科学 ③天空大揭秘》里，你能看到更多美丽的云和天空现象，例如彩虹、宝光、月晕、曙暮光条等，还能学习它们背后的科学原理。

在《超有趣的云科学 ④云的超能力》里，你能认识云朵的更多用途。有的云能带来灾难，有的云能帮你躲避危险。

在《超有趣的云科学 ⑤云朵好好玩》里，你能学到各种各样的科学实验和游戏，供你和云朵小朋友一起玩耍，加深你们之间的友谊。

这套书大部分的内容讲解都配有照片和图解，所以你拿到书之后可以大致翻翻，从感兴趣的部分开始阅读。当你读着读着，觉得有些晦涩难懂的时候，不妨先去看看第 5 册放松一下。

如果通过本书，大家能够更好地和云相处，例如能更加了解云，能看到美丽的云和天空，能和带来恶劣天气的云保持适当的距离，那么我就心满意足了。

我把爱云技术水平分为从 0 到 10 的不同等级（读到这里的朋友，恭喜你，你已经达到 4 级水平了），尽管这个分级标准有一定的主观性，但还是建议大家在阅读正文之前先测试一下自己的等级，等到看完这套书、和云打过一段时间的交道之后，再来检查一下，看看水平提高了多少。

我还收集了映衬在蓝天下的白云（第 1 册卷尾）、色彩缤纷的虹彩云以及红彤彤的火烧云（第 5 册卷尾），也请大家欣赏一下这些能带来好心情的云朵。

我梦想着世间能够充满对云的热爱——有趣的云和天空可以让街上的行人停下脚步，让小朋友奔向不一样的大自然，云友们可以尽情抒发自己对云的喜爱。为此，我诚挚地希望借助此书，给云友们送上一个充实的爱云生活。

荒木健太郎

登场角色

某云彩研究者爱云爱得太痴迷，逐渐结识了一群“云友”。为了让大家更加喜欢云，这些云友们将现身说法，帮助他讲解云朵的知识。

空气块君

空气的团块，本书的中心人物。天真淳朴，身体大小会随着温度的变化而改变。喜欢水蒸气，喝了太多的水后，身体内的水会溢出来形成云

云朵

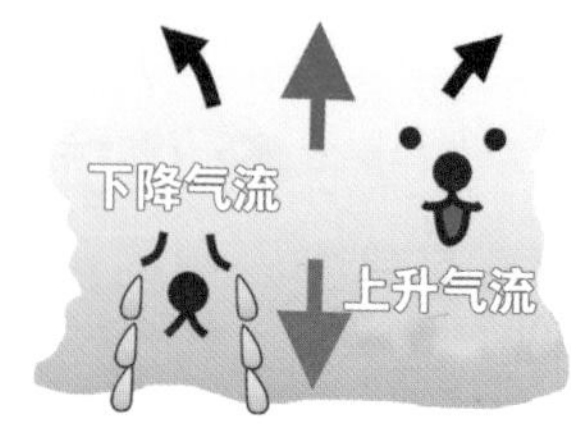

由大量的水滴和冰晶构成的组织，有很多种类。云朵是天真淳朴的老实孩子，它会通过伸展身体，告诉我们天空的情况和将要发生的天气剧变

水蒸气

气态的水，它的存在对云来说必不可少，颜色会随温度而变化

云滴

液态的水，形成云的成员之一

冰晶

固态的水，和水滴不太一样，外形多种多样

雪晶们

根据云的状态而改变自身的样子，是传达天空心情的信使

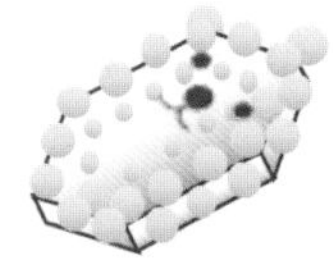

带有云滴的晶体

雪片

xiàn
霰

báo
雹

雨滴

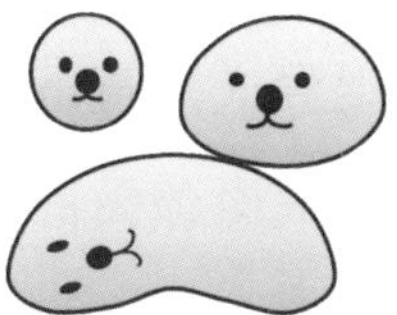

在天空中不断相遇、离别，最后落下来的雨点

潜热

伴随着水的变身而吸收或者放出的能量

气溶胶颗粒

大气中漂浮的微粒，种类多，谜团也多，可以左右云的一生

太阳

明亮的光

暖空气

热而轻，迅速顺势而上

冷空气

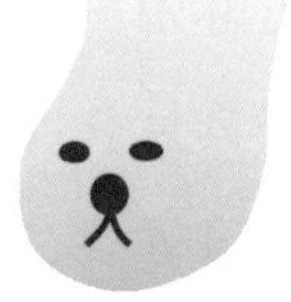

冷而沉，擅长托举抬升

可见光战队・彩虹游骑兵

槽

台风

龙卷风制造机

温带气旋

观测者

相扑手

目录

1 描绘大气流动的云

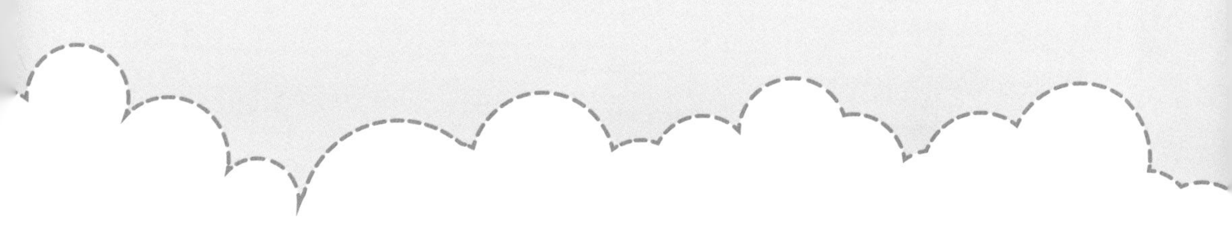

2 传达大气心情的云

目录

3 警告危险的云

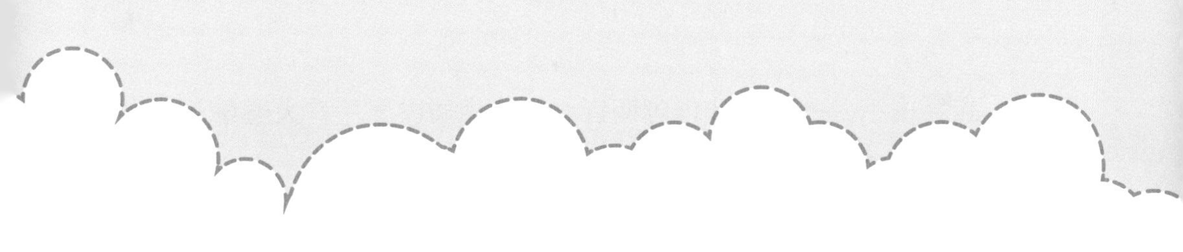

4 带来灾害的云

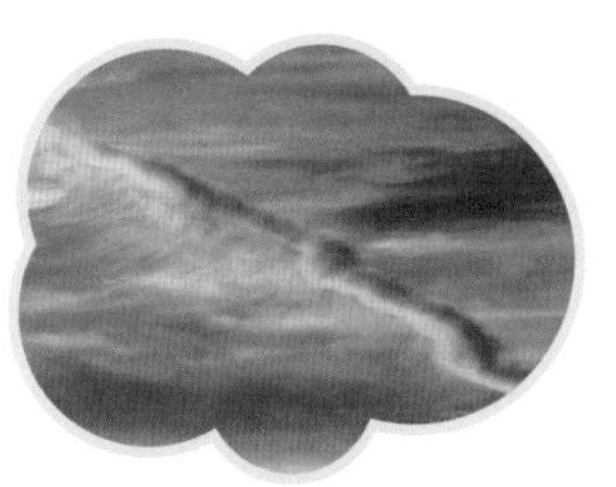

5 引起恐慌的云和天空

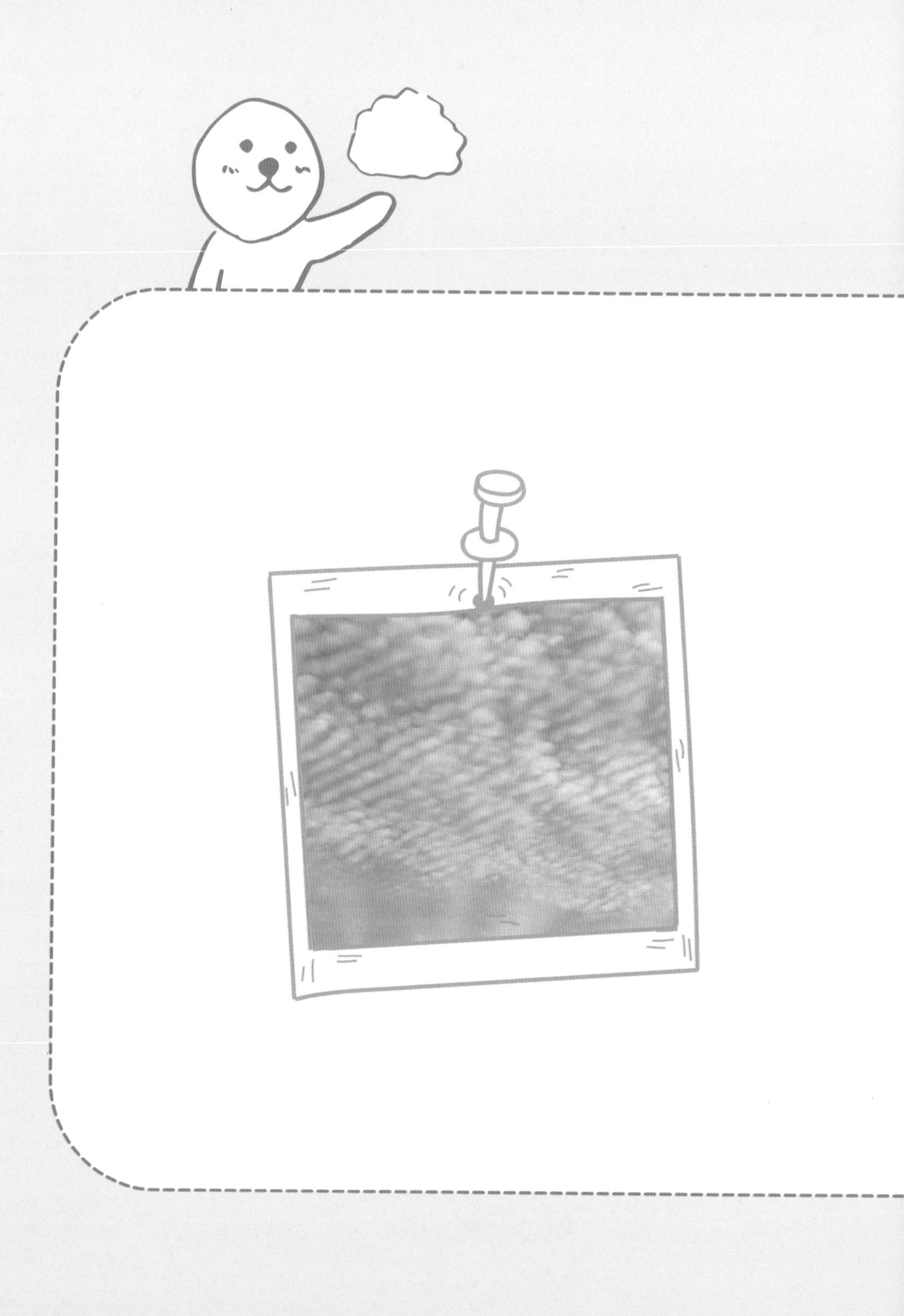

描绘
大气流动的云

和气流一起翻山的云

云基本上都很淳朴，它们会亲自告诉我们大气的状态和流动。如果用心聆听云的声音，读懂云的心，就能看云识天气，事先知道天气的急剧变化。

首先看山区，不同的大气状态会在山区产生各种各样的云。当大气状态不稳定时，沿着山坡被迫上升的气流和因山坡温度升高而产生的上升气流会产生积云。当大气状态比较稳定的时候，会产生翻越山峰的气流（**过山气流**），在山顶附近形成**山帽云**，好像给山峰戴上了一顶帽子（图 1）。

如果此时空中的风很强，在顶峰的下风向一侧会形成像

图 1　富士山的山帽云

2017 年 9 月 18 日摄于日本山梨县富士吉田市，麻里茂供图

旗帜一样的**旗云**（图2）。在山峰的周边，也会有长相奇特、让人联想到不明飞行物或天空之城的**荚(jiá)状云**（如荚状高积云等）（图3）。

山帽云是由过山气流沿着山坡上升产生的，它不断地在迎风坡的上升气流中产生，在背风面的下降气流中消散（图4）。此外，如果有一个稳定层能盖住山峰上空的空气，过山气流往下风向传播，会造成一种叫**山脉背风波**的大气波动现象。山脉背风波也会向

图2 旗云

2014年10月30日摄于瑞士和意大利边境的马特洪峰，大泽晶供图

图 3　荚状云

2012 年 3 月 30 日摄于日本长野县车山山顶，下平义明供图

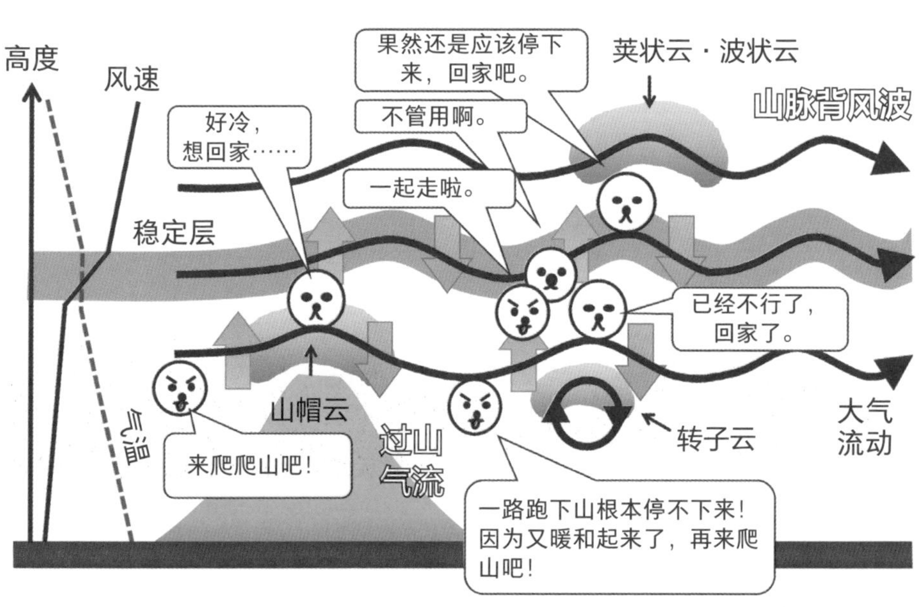

图 4　伴随过山气流的云

空中传播，形成一对上升和下降气流，产生荚状云。荚状云内生长的云质粒如果形成幡状云，就会将山脉背风波这个抽象概念可视化（图 5）。

自古以来，富士山就是观看山帽云和荚状云的知名景点，当地人有“山顶覆盖着一帽云时是下雨的前兆”“看到断续流向东方的山帽云会有风雨”等观天望气的经验之谈。这是因为富士山的山帽云和荚状云多出现于日本海有温带低气压（**日本海低压**）且冷锋过境之前，而这正是暴风雨的前兆。富士山的山帽云和荚状云的种类分别有 20 种和 12 种（图 6，图 7）。当你有机会看到山顶有云时，不妨比照这两张图看看具体是哪种类型吧。

图 5　将山脉背风波可视化的荚状云

2007 年 10 月 31 日摄于日本长野县，下平义明供图

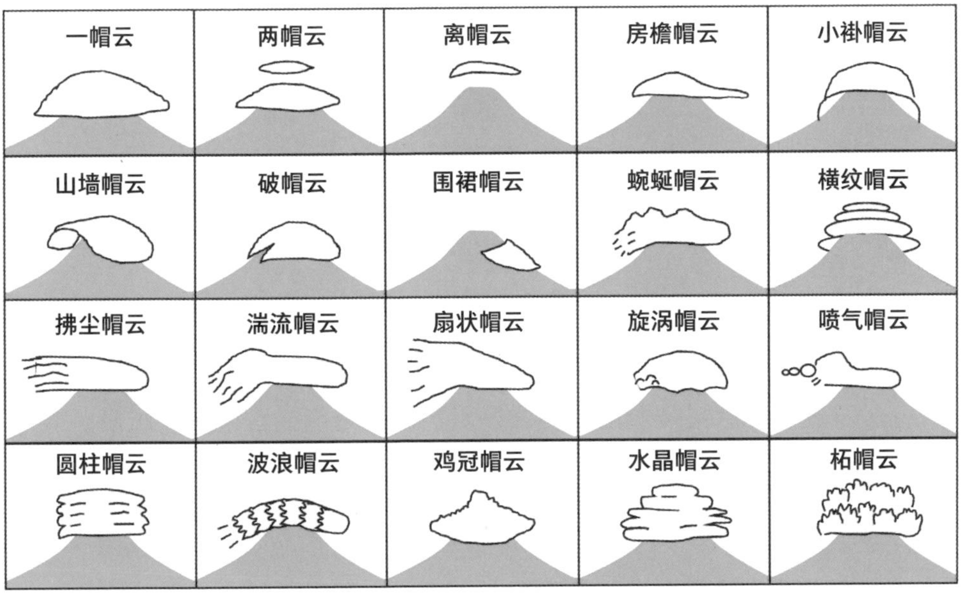

一帽云	两帽云	离帽云	房檐帽云	小褂帽云
山墙帽云	破帽云	围裙帽云	蜿蜒帽云	横纹帽云
拂尘帽云	湍流帽云	扇状帽云	旋涡帽云	喷气帽云
圆柱帽云	波浪帽云	鸡冠帽云	水晶帽云	柘帽云

图 6　富士山上出现的山帽云

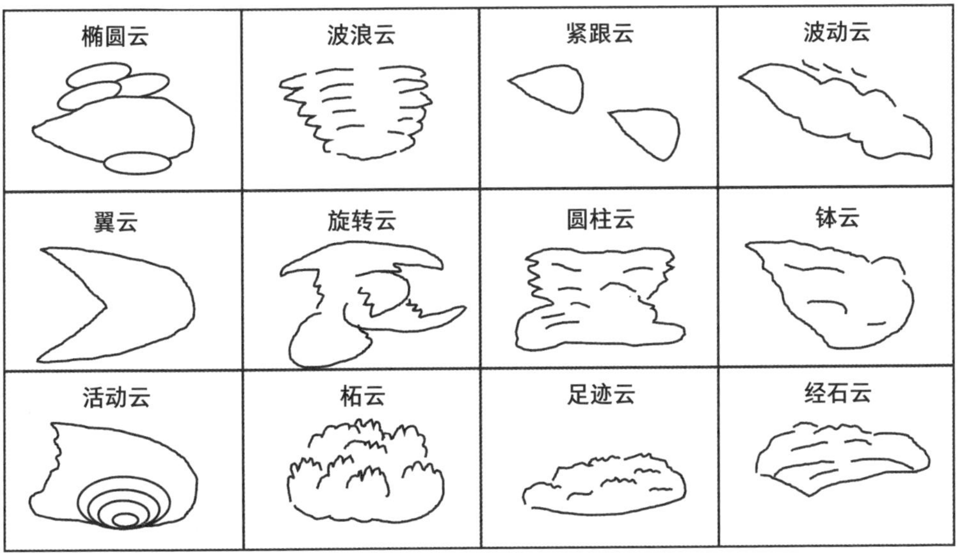

椭圆云	波浪云	紧跟云	波动云
翼云	旋转云	圆柱云	钵云
活动云	柘云	足迹云	经石云

图 7　富士山周边出现的荚状云

此外，在山顶附近的山脉背风波的下部，上升气流和下降气流之间会产生旋转（图 4），这就产生了名为**转子云**的滚动着的云（图 8）。转子云小朋友不仅在横向上呈卷状延伸，有时也表现为球形，是一种很可爱的云。

图 8　转子云

2016 年 12 月 4 日在日本神奈川县湘南台。横手典子供图

图 9　波状云

2017 年 1 月 1 日 Aqua 卫星拍摄的可见光图像，图像来自 NASA EOSDIS Worldview 网站

图 10　瀑布云　2015 年 1 月 1 日摄于日本山梨县河口湖，和田光明供图

山帽云和荚状云是因为山脉而形成的云。山脉附近的山脉背风波产生的荚状云是波状云，在冬季型的气压分布情况下，经常会在日本太平洋一侧的区域中被观察到（图 9）。如果冬季型的气压分布不发生改变，山脉背风波会持续生成，伴随着波的上升气流和下降气流的位置几乎不发生变化。因此，波状云会继续在同样的地方出现。此外，当山的迎风坡大气下层中有稳定的云层时，在河谷中，云会跟着过山气流下降并蒸发，这时就能见到被称为**瀑布云**的美丽云朵（图 10）。

山脉背风波也可以产生卷云，被称为**地形性卷云**（图 11）。地形性卷云是当山脉上空有一个稳定层且高空风向几乎恒定时，山脉背风波传播到上层所产生的。地形性卷云多发生于冬季的日本东北

图 11　地形性卷云

2016 年 3 月 16 日 Aqua 卫星拍摄的可见光图像，图像来自 NASA EOSDIS Worldview 网站

地区和朝鲜半岛，因为它比较浓密，会带来漫天的云，但实际上它属于我们现在也很难预测的现象之一。

这些地形云在过山气流和山脉背风波等的恒定气流中不断产生和消失，看起来好像是停滞不动的云。与其停滞的外貌相反，这些云内部的景象很是壮观，大量的云质粒们在极短的时间内诞生、成长和衰亡，如花开花落一般，周而复始。此外，山帽云和荚状云光滑的外形是高空有强风的证据，有时候这些云会警告我们暴风雨即将到来，因此，**登山的朋友们尤其要注意倾听这种来自云的警告。**

卷卷曲曲的卡门涡街

对于涡（wō）旋发烧友来说，云是必不可少的。因为云可以将涡旋的流动可视化，让原本不可见的空气流动显露踪迹。其中一种让涡旋爱好者欣喜若狂的涡旋叫作**卡门涡街**（以匈牙利裔（yì）美国物理学家西奥多·冯·卡门的名字命名）。

冬天在韩国济州岛和日本鹿儿岛县的屋久岛上空发生的卡门涡街很有名，是韩国、日本及周边的一处冬季美景（图12）。在西高东低的冬季型气压分布下，来自陆地的寒冷西北风从下层吹过。如果这种下层气流的厚度比岛屿上山峰的高度要小，那么气流就会绕过济州岛和屋久岛，形成顺时针和逆时针的涡旋，最后云把这些涡旋可视化了。每个涡旋的直径是20—60千米，可以从卫星观测的云图上看到它们可爱的身影。

事实上，即使不是冬天，在日本北海道利尻（kāo）岛等地也能发生卡门涡街现象（图13）。利尻岛容易发生卡门涡街现象是因为有来自鄂霍（è huò）次克海高压等的寒冷气流，假如有孤立的岛屿，岛上有高山，条件都满足的话，那么任何地方都有可能发生卡门涡街现象。请用卫星云图努力寻找卡门涡街吧。如果你找到了它，就和朋友们一起分享吧。

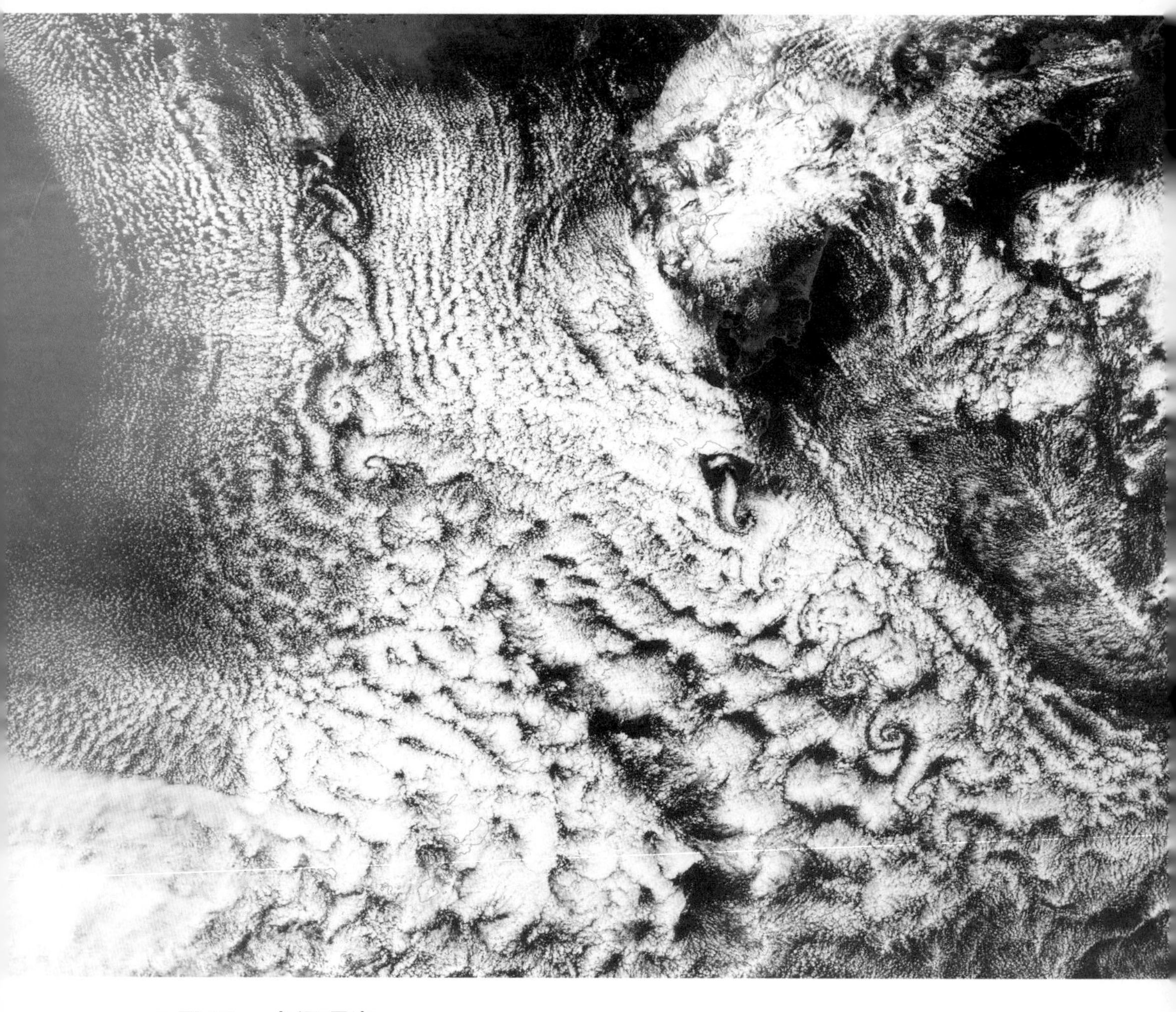

图 12　卡门涡街

2016 年 2 月 25 日 Terra 卫星拍摄的可见光图像，图像来自 NASA EOSDIS Worldview 网站

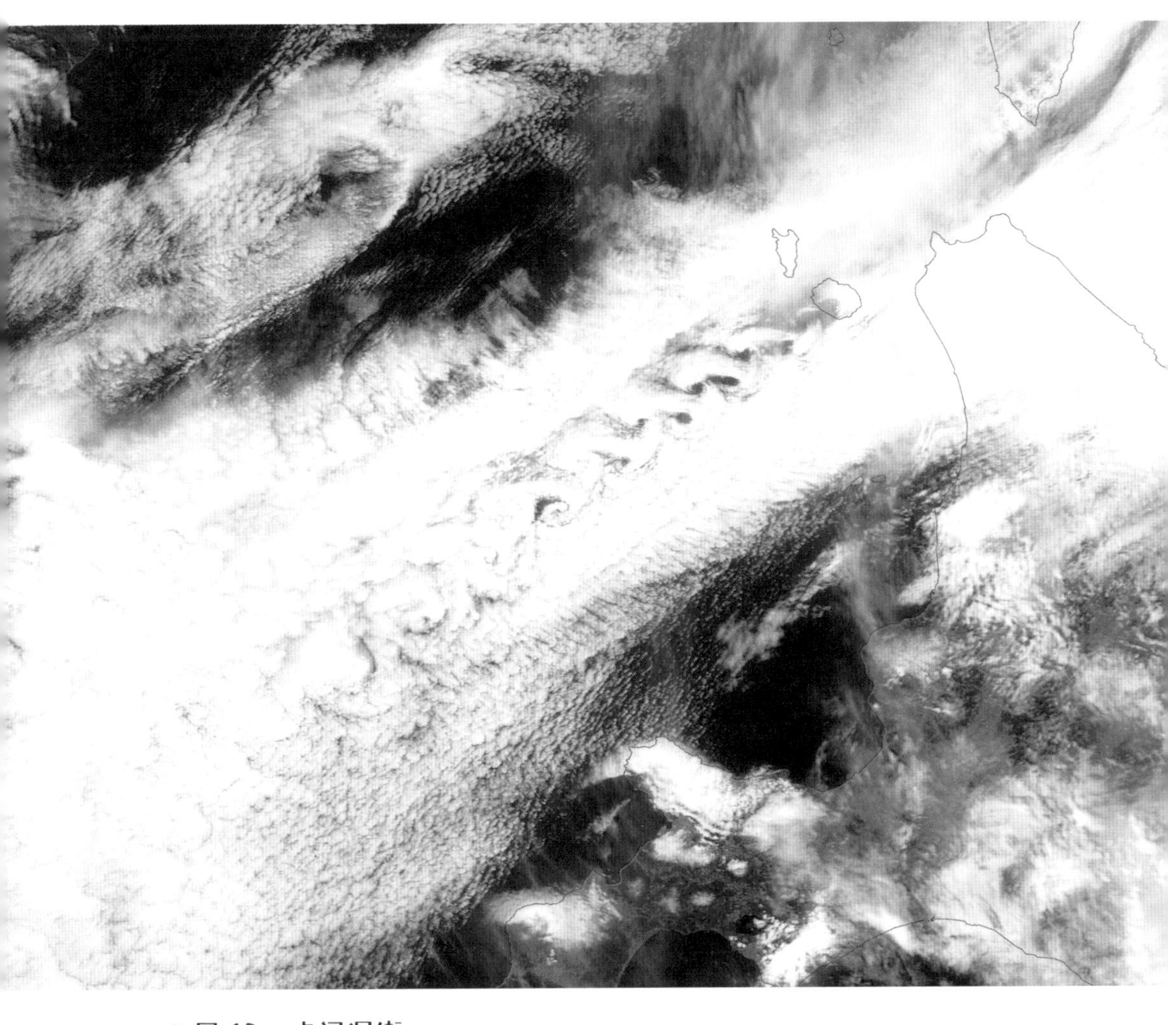

图 13　卡门涡街

2012 年 5 月 11 日 Aqua 卫星拍摄的可见光图像，图像来自 NASA EOSDIS Worldview 网站

婀娜多姿的波涛云

云有时会用波浪形的外观给我们展示一个梦幻的场景（图 14）。这就是惹人喜爱的**波涛云**（Fluctus，也称迭（dié）浪云），它是云的副变种之一，是由开尔文—亥姆霍兹（hài mǔ huò zī）不稳定性产生的一种波状云。

开尔文—亥姆霍兹不稳定性是不同密度的空气层上下接触、各层之间的流速不同所产生的不稳定性。当有层状云时，容易在其上发生，对于层积云、层云和卷积云等云，有时会出现波涛云。因为这种不稳定性会在短时间内消失，所以波涛云的寿命只有几分钟到几十分钟。如果你看到了它，立刻拍照片吧，尽情地欣赏它那变化多姿的美丽身影吧。

图 14　波涛云

2015 年 1 月 8 日摄于日本东京都练马区，日本天气新闻供图

在空中起伏的糙面云

云底像波浪一样起伏的云叫作**糙**（cāo）**面云**（Asperitas，图 15）。这位小朋友以前叫作波状粗糙云，它在 2017 年新版的《国际云图》中被列为副变种之一，被正式命名为糙面云。它是一个充满活力的漂亮孩子。

糙面云没有一般的波状云那样水平的并排波状结构，而是有着不均匀的起伏。糙面云像是在大海上起伏的海面那样光滑，偶尔也有尖角结构。糙面云是一种在层积云和高积云的云底出现的副变种，被认为是把云底的大气重力波可视化了，这种大气重力波是伴随着附近的降水现象出现的。

图 15　糙面云

2012 年 6 月 18 日摄于日本冈山县仓敷市，仓敷科学中心三岛和久供图

帮你滑翔的阵晨风云

阵晨风云（Morning glory）是澳大利亚北部卡奔塔利亚湾等地旱季结束时（8—9 月）早晨出现的延伸很长的强切变线产生的云。在这种强切变线上形成的滚轴状的云被称为阵晨风云（图 16）。

通常认为，阵晨风云的风切变（第 1 册第 5 章）的主要原因是**海陆风**产生的锋，海陆风是伴随着每天温度变化产生的一种风。由于陆地和海洋的**比热容**不同，陆地比海洋更容易升温变暖和降温变冷。于是，白天的时候陆地变得更热，空气变得更轻，使得陆地上的气压降低，**海风**就从海上向陆地吹过来了。到了夜间，情况正好反过来，是**陆风**从陆地向海上吹，这两种风的边界在陆地上的叫作**海风锋**，在海上的叫**陆风锋**，正是它们形成了阵晨风云。

云朵小知识

比热容：地球物理学的一个概念，指单位质量的某种物质温度升高 1 开尔文时所需的热能。水的比热容大，所以，水升温或降温需要的热量多，也就是说，同样的日照条件下，海水升温慢、降温也慢；陆地升温快，降温也快。

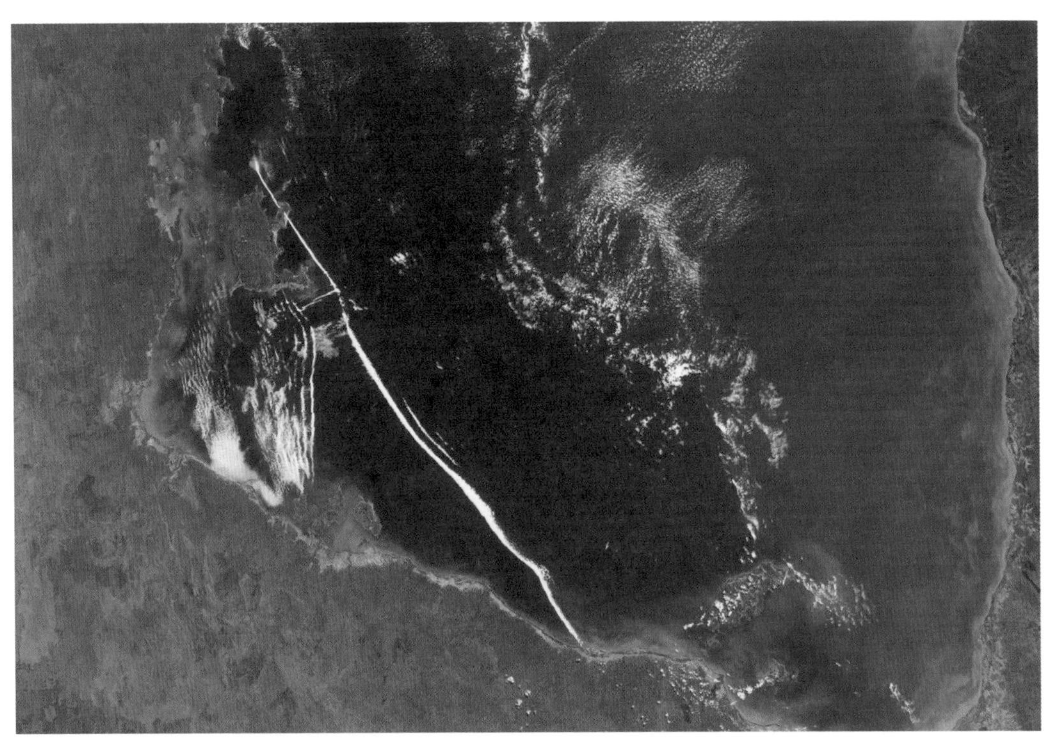

图 16　阵晨风云

2012 年 9 月 5 日 Terra 卫星拍摄的澳大利亚卡奔塔利亚湾的可见光图像，图像来自 NASA EOSDIS Worldview 网站

阵晨风云在几千米的高度上形成，有时是一道云单独出现，有时是几道云并排出现。阵晨风云小朋友是绕着中心水平轴转动的滚轴状云，所以有大范围的上升气流，深受滑翔机爱好者的喜爱。此外，在日本国内也有和阵晨风云一样的由海陆风产生的巨大滚轴状云，有人在新潟(xì)县和石川县等地的海上看到过。

2

传达
大气心情的云

云的小尾巴——幡状云

有时候云会长出可爱的小尾巴，叫作**幡**(fān)**状云**（Virga），是云的副变种之一。一些从云中下落的水滴和冰粒在形成降水到达地面前就蒸发了，由此形成的飘带状云朵就是幡状云。

幡状云小朋友出现在卷积云、高积云、雨层云、层积云、积云和积雨云中。幡状云的形状有点像“钩子”，这是因为在大气的垂直风切变运动中，根据高度的不同，横向运动的距离也不同，降水粒子是在“钩子”的尖端附近蒸发掉的，而此时的粒径和速度都比较小，所以更容易横向运动。

卷积云和高积云等中高云族的云由过冷却云滴组成，通常由于某种原因，云中生成的冰晶迅速成长，会形成幡状云（图 17）。幡状云实在地体现了云中微粒的相变过程，我们想象一下在云里大范围开展的微粒之间的热交换，就会默默地笑起来。

此外，还有一种跟幡状云类似的云，降水粒子从其中落下，能一直到达地面，叫作**降水线迹云**（Praecipitatio），也是云的副变种之一（图 18）。降水线迹云可以在除了高层云和雨层云以外的其他所有低云族中产生。伴随着降水线迹云，在云底附近有时也会出现另一个副变种，叫作**破片云**（Pannus）。在晴朗的日子里，在局部

图 17　幡状云　2015 年 8 月 11 日摄于日本茨城县筑波市

发展起来的积云下方的降水线迹云那里，有时我们会看到彩虹，这挺让人开心的。然而，在发展的积雨云带来的局部强降雨中也可以看到降水线迹云。降水线迹云的颜色越深表明降水越强，就越需要引起注意。

图 18　降水线迹云　2017 年 8 月 1 日，冈田敏供图

航迹云和耗散尾迹

有时候，在蓝天上延伸的**航迹云**会吸引我们的目光。在清晨或傍晚的空中，被阳光染成红彤彤的航迹云，看起来像是一颗彗星，据说还有人为此跑去天文台询问和打听。航迹云可以衍生和转化为卷云，属于人为云，是在高空比较湿润的时候产生的。因此，可以通过有无航迹云、航迹云的持续时间和是否成长来解读高空中的湿度情况。

如果我们仔细观察航迹云，会发现不同类型的飞机和不同湿度状态会产生不同的航迹云（图 19）。根据飞机发动机的数目不同，比如双发（两台发动机）、三发、四发，会分别产生两道、三道、四道并排的航迹云，而当空中湿度大时，航迹云会从机翼开始均匀地产生出来。

说起来，航迹云是在高空的低温环境下产生的。飞机发动机吸入空气并压缩，经过燃烧后，排出 300—600 摄氏度的高温废气，在和周围空气混合后迅速冷却。此外，在飞机机翼后方会产生空气涡旋，在一定程度上也降低了气压和气温。因为这些因素而冷却下来的废气充当了云凝结核，产生过冷却云滴，此后又形成冰晶核，

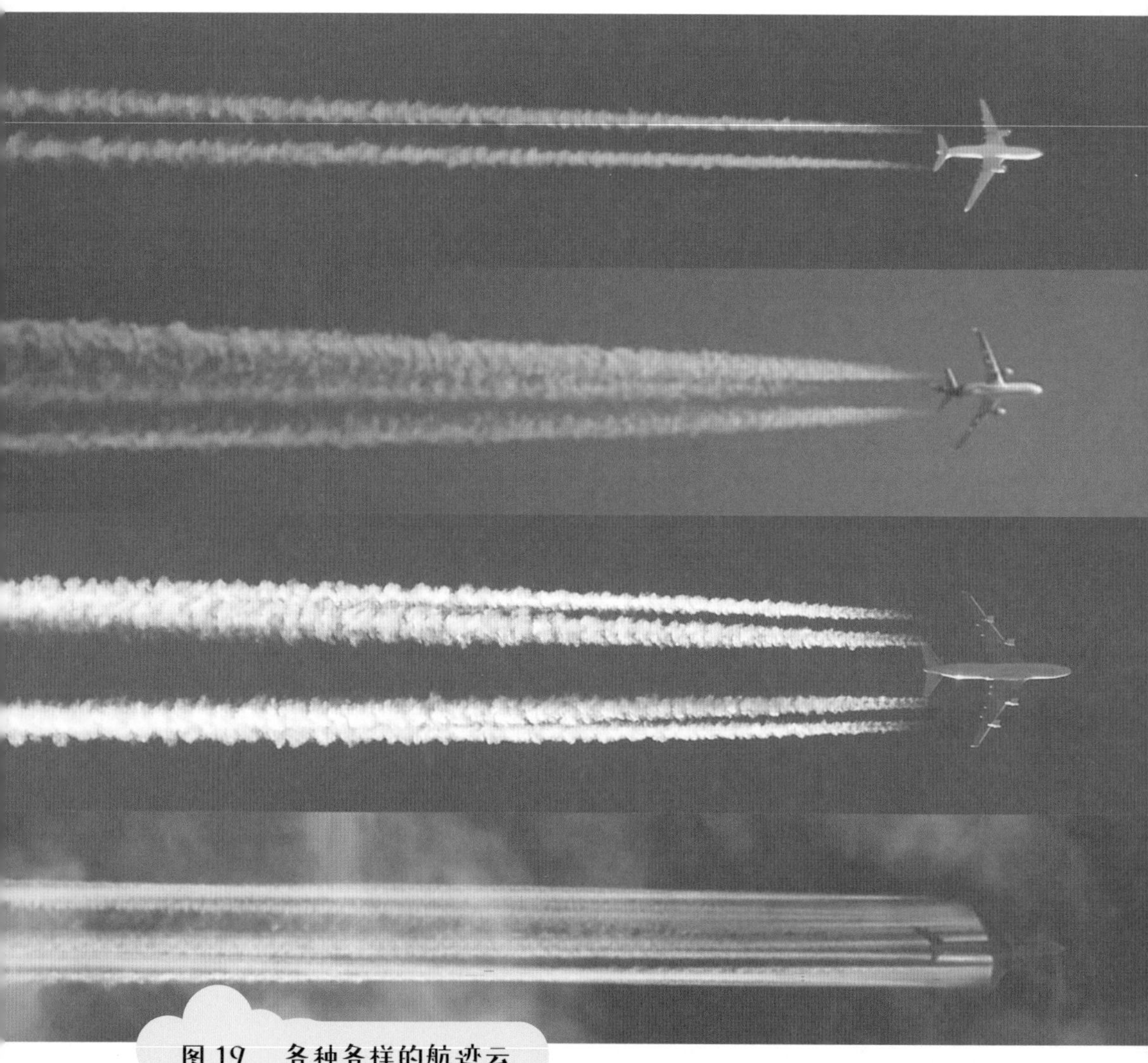

图 19　各种各样的航迹云

从上到下依次为双发、三发、四发的飞机产生的航迹云。最后一张是湿润环境中机翼后方几乎均匀产生的航迹云。根据高梨香提供的照片制作

图 20　航迹云中出现的虹彩云　2017 年 2 月 8 日摄于日本东京都町田市，米歇尔供图

这就是由冰晶组成的航迹云的由来。我们看到的那种 2—4 道的美丽航迹云是由发动机的热量和废气产生的，而那种在机翼后面均匀发生的航迹云的产生原因则不太一样，它是由机翼后面气压降低造成的。因为航迹云产生之后，过冷却云滴会形成云，所以也可以看到虹彩云（图 20）。

图 21　航迹云转化的卷云

2016 年 10 月 30 日摄于日本茨城县筑波市

此外，因为机身穿过空气所引起的湍流，航迹云的一部分可能变成环状。还有就是，如果高空相当湿润，形成航迹云的冰晶凝华生长，会转化成蓬蓬松松的卷云（图 21）。随着高空中风的吹拂，会形成各种样子。

图 22　耗散尾迹

2017 年 4 月 29 日摄于日本茨城县筑波市

另外，有一种**耗散尾迹**，与航迹云正好相反，表现为沿着航行路线在云中出现一道裂缝（图 22）。当飞机穿过云的时候，所排出的高温废气和干燥空气混合导致了云的蒸发，在过冷却的水云中发生冰晶生长会导致过冷却云滴的蒸发，通常认为正是这些蒸发产生了耗散尾迹。

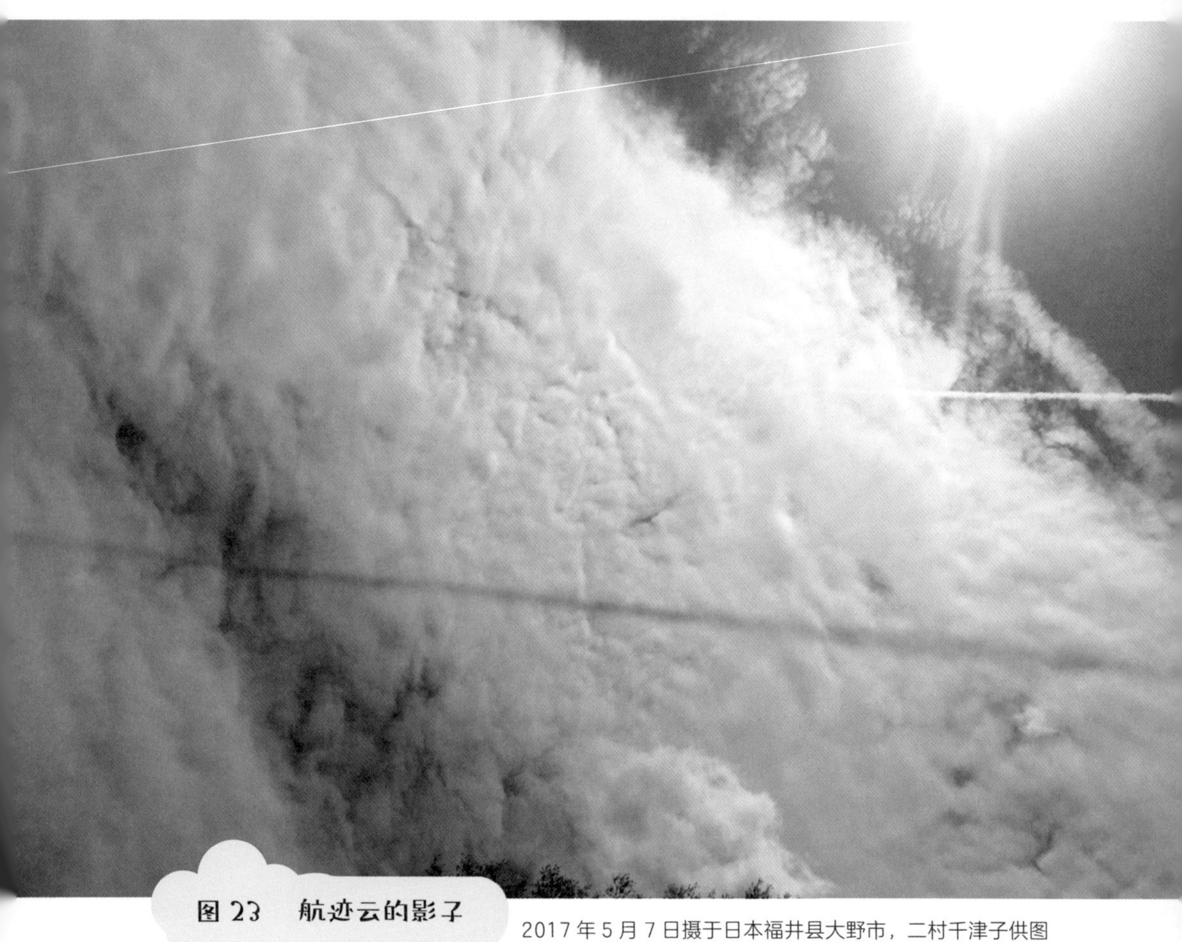

图 23　航迹云的影子

2017 年 5 月 7 日摄于日本福井县大野市，二村千津子供图

耗散尾迹很容易和航迹云的影子相混淆，特别是天空中有卷积云的时候，其上方航迹云的影子映在云上，有时看起来就像是一道耗散尾迹（图 23）。在这种情况下，首先确定一下附近的航迹云和太阳之间的位置关系吧。如果太阳和航迹云以及在薄云上显现的黑色条带是依次平行排列的，那么就可以判断出黑色条带是航迹云的影子，而不是耗散尾迹。

神秘的云洞

在天空中铺展的云，有时会突然打开一个洞。这就是副变种之一的**云洞**（Cavum，又叫穿洞云），会在卷积云、高积云、层积云中发生。云洞小朋友特别容易在过冷却水云形成的高积云中产生。

云洞的形成机制和幡状云、耗散尾迹一样，当过冷却水云中生成冰晶时，因为冰晶生长消耗了过冷却云滴，最后形成了云洞。由于这个原因，在洞中生长的冰晶会形成幡状云，所以云洞又叫作**落幡洞云**(Fallstreak hole)。当该云和太阳的相对位置最为合适的时候，洞中的幡状云有时会产生晕和弧等现象（图 24）。云洞会告诉我们，被穿洞的云属于过冷却的水云。

要想见到云洞小朋友，关键一点是在卷积云等铺满天空时要勤看天，检查看看有没有云洞。

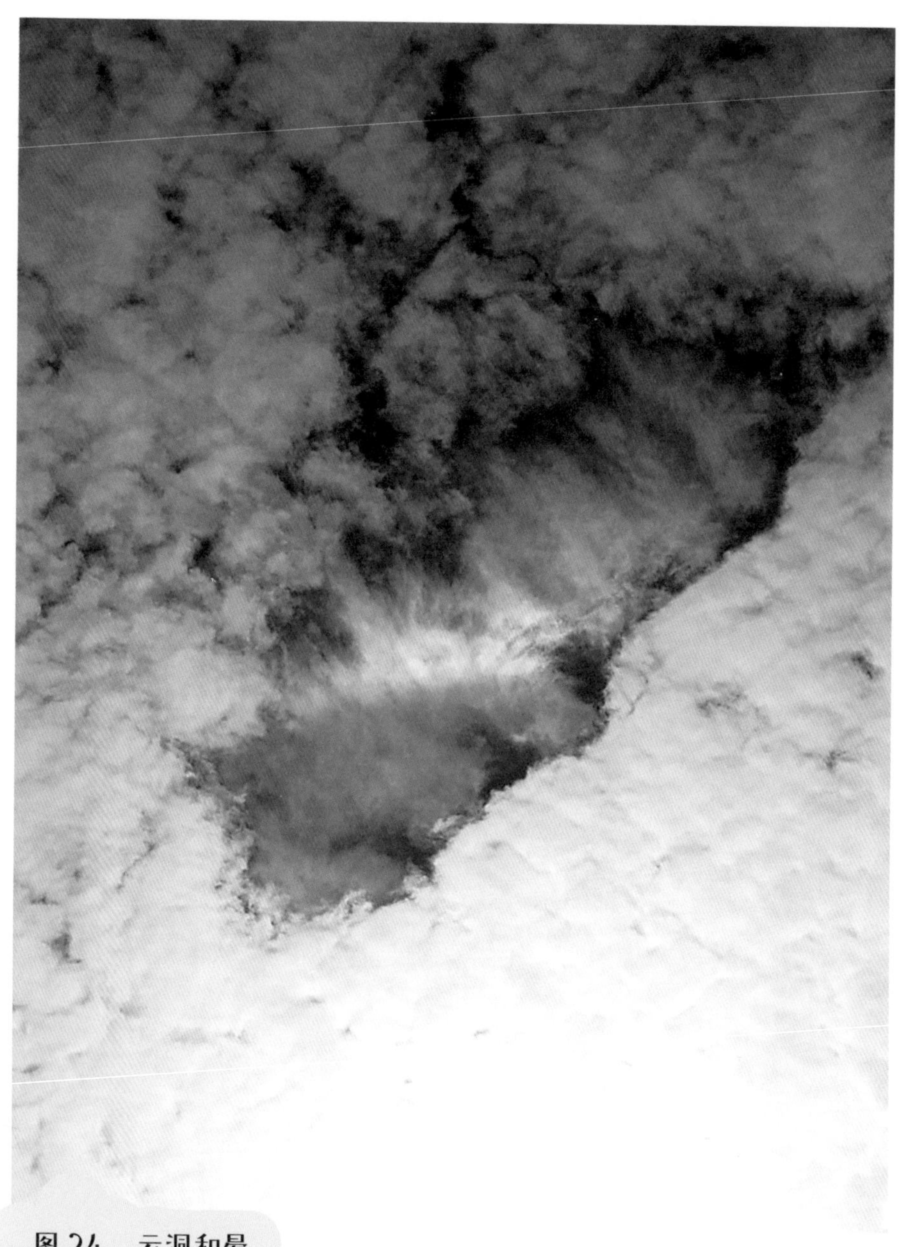

图 24　云洞和晕　2017 年 10 月 5 日摄于日本东京都，日本天气新闻供图

暗藏玄机的急流卷云

卷云的长度和形状各不相同，有时候有的卷云在水平方向上的尺度可以达到 1000 千米以上。这种卷云是伴随着高空偏西风很强的那种急流产生的，因此被称为**急流卷云**。

急流卷云中，有与气流平行延伸的**卷云带**，有在气流南侧向着与气流垂直方向伸展的**横向线**（图 25）。卷云带产生于急流当中风速最大的区域，对应于急流的轴线。此外，形成横向线的单个云带被称为**横向带**，因为横向线恰好位于对流层顶下方，通常认为它会将开尔文—亥姆霍兹不稳定性可视化。横向线也会在台风上层吹出来的云内产生。这种急流卷云和山脉背风波相伴的波状云等，显示了高空存在风向杂乱的**晴空湍（tuān）流**（Clear air turbulence，简称 CAT），在航空领域工作的云友们应该格外注意这些云。

在日本及周边，从秋天到春天，偏西风蜿蜒地吹拂着，会比较容易看到急流卷云。从地面上看的话，卷云带会因为覆盖了整个天空而无法辨认，但是横向带是可以看到并确认的。如果抬头看到了卷云，想象一下高空中朝那个方向吹拂的气流，再用卫星图像对照一下云延伸的范围，也是很有趣的事情。

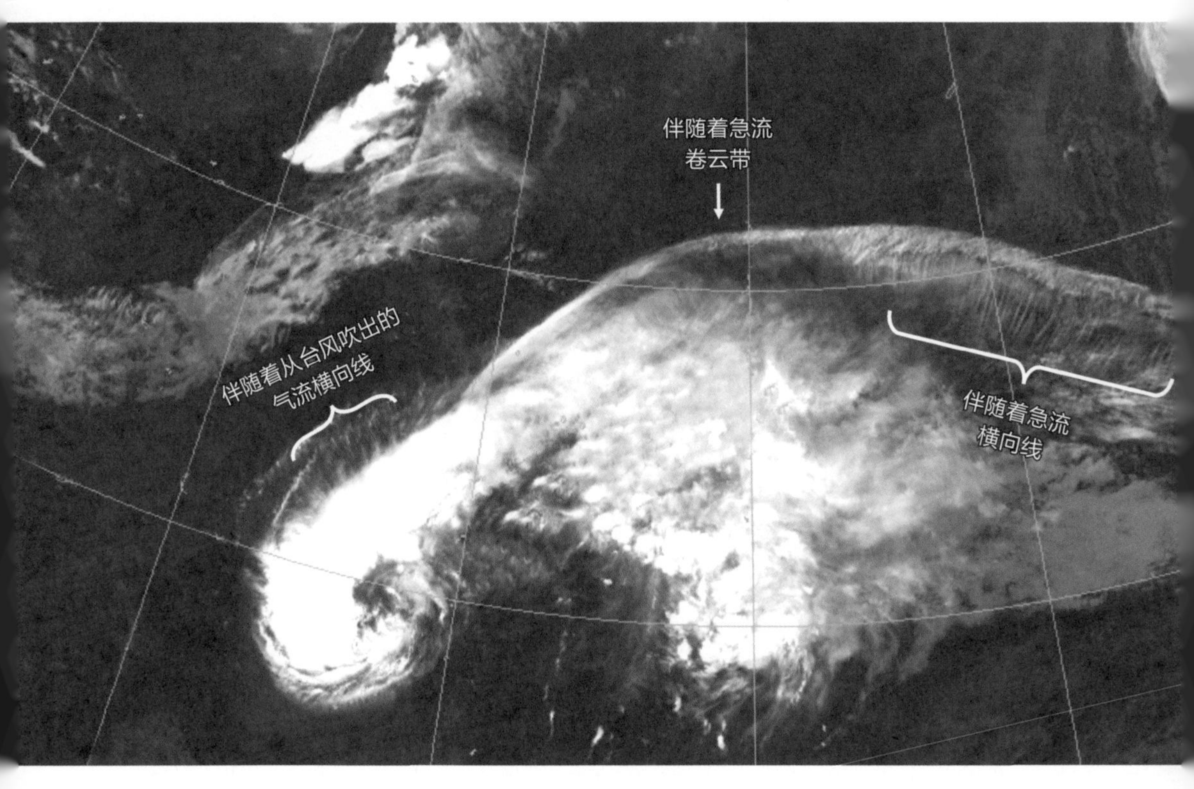

图 25　急流卷云

2017 年 9 月 16 日 19 点 30 分向日葵 8 号卫星拍摄的红外图像，图像来自日本气象厅网站

晴天里的积云和云街

夏天我们经常见到积云，它们为什么显得蓬蓬松松的呢？它们蓬松的样子是有原因的。下面我们以晴天积云为例，简单讲解一下吧（图 26）。

积云是由上升气流形成的，具体来说是地面温度升高导致的**热对流**（**热量**）带来的上升气流把下层空气运到高空中，通过绝热冷却，并越过抬升凝结高度而形成的。因此我们可以从平坦的积云云底来确定抬升凝结高度。积云蓬松的外表是上升气流扰乱了云内空气所导致的。因为上升气流导致了周边空气不足，为了补偿，在云附近产生了下降气流，特别是在云的上部，和干燥空气混合导致了云滴的蒸发。我们可以听一听身边的某一朵晴天积云的话语，由此可以弄清楚云朵外貌的形成、云朵轮廓附近水冰等的相变过程以及大气的状态等各种各样的事情。

此外，单个积云处存在上升气流，此时对流被地表均匀加热，会近似地形成**细胞对流**（cellular convection，图 27）。细胞对流在味噌汤中很常见，汤中遍布着由上升流和下降流所形成的像细胞一样的结构。当细胞对流发生时，如果下层有一定强度的风吹过，上升气流和下降气流会成对形成滚动状，延伸出去就产生了**水平滚动**

图 26　积云之声

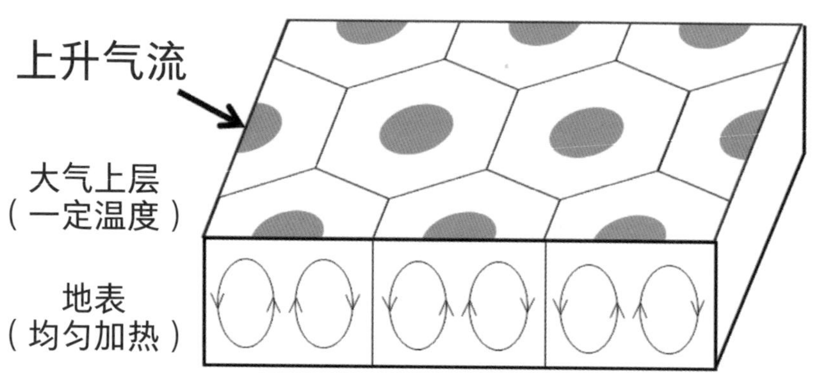

图 27　细胞对流的图解

对流（图 28）。这时，在水平滚动对流的气流上升区域会形成云，从而产生被称为“云街”的条带状云。如果把东京附近夏季静稳时和刮西南风时的云的分布进行对比，大家就会一目了然（图 29）。在静稳时的云分布中，鹿岛滩和相模湾等海岸沿线看不到积云的踪影。这意味着凉爽的海风吹来，大气比较稳定。静稳时的霞浦市上空没有云，原因可以解释为地表的陆地和湖泊的比热容有差别，湖泊上的空气相对较冷，不容易发生热对流。

如果在晴朗的日子从飞机舷窗观察海岸线附近的云，会经常遇到陆地上有积云但海上却一丝云也没有的情况。这时候，我们可以尽情想象一下，在陆地上像煮开水一样翻滚的、被云所可视化的细胞对流。

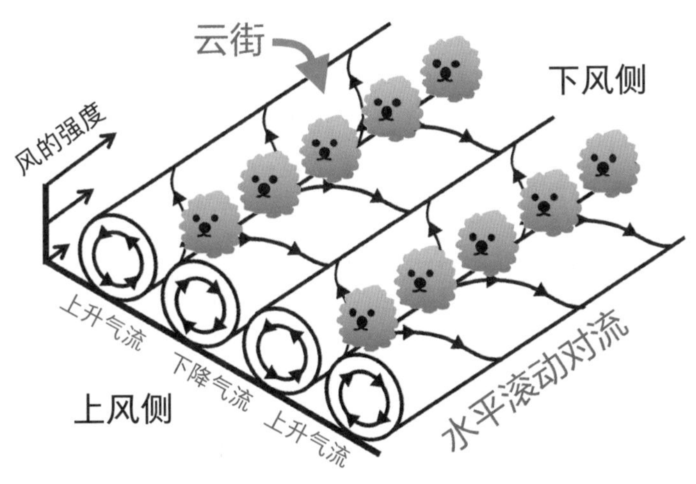

图 28　水平滚动对流和云街

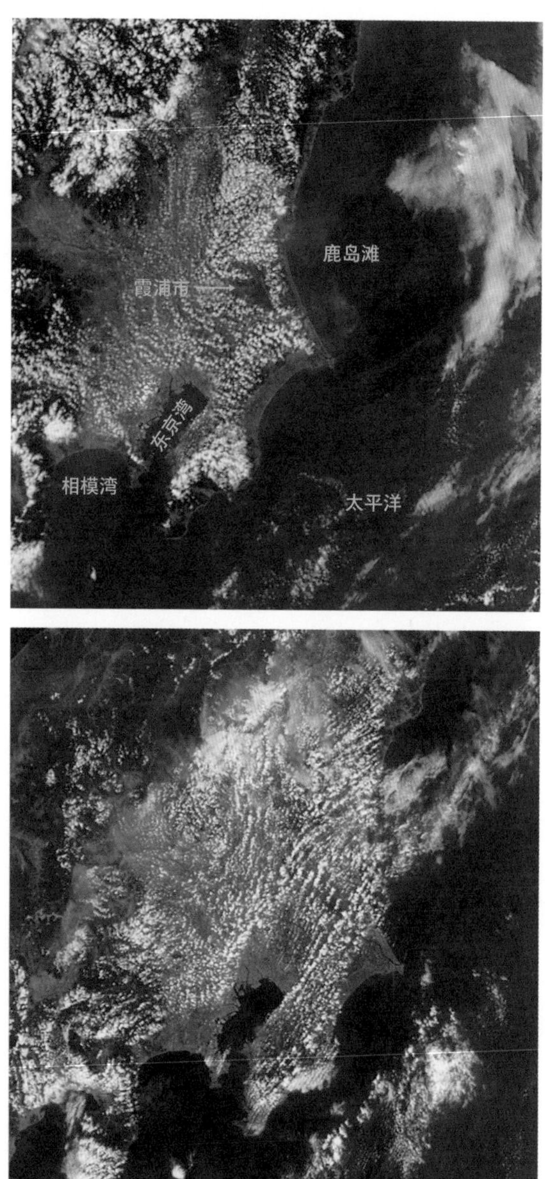

图 29　天气静稳时（上）和刮西南风时（下）的积云变化

上：2010 年 8 月 21 日 Aqua 卫星拍摄的可见光图像；下：2008 年 8 月 3 日 Terra 卫星拍摄的可见光图像。图像来自 NASA EOSDIS Worldview 网站

开开合合的海洋性层积云

层积云也是细胞对流产生的，层积云有时候是单个云朵独立的，有时候是挤在一起的（图 30）。它们分别被称为**开放单体**和**闭合单体**，它们之间的不同是由大气下层的气温和海洋表面的水温（地表温度）的差别等因素引起的。单个云朵独立的积云和层积云是下层气温高、热对流活跃所产生的开放单体，而下层气温低的话，就会发展出闭合单体。

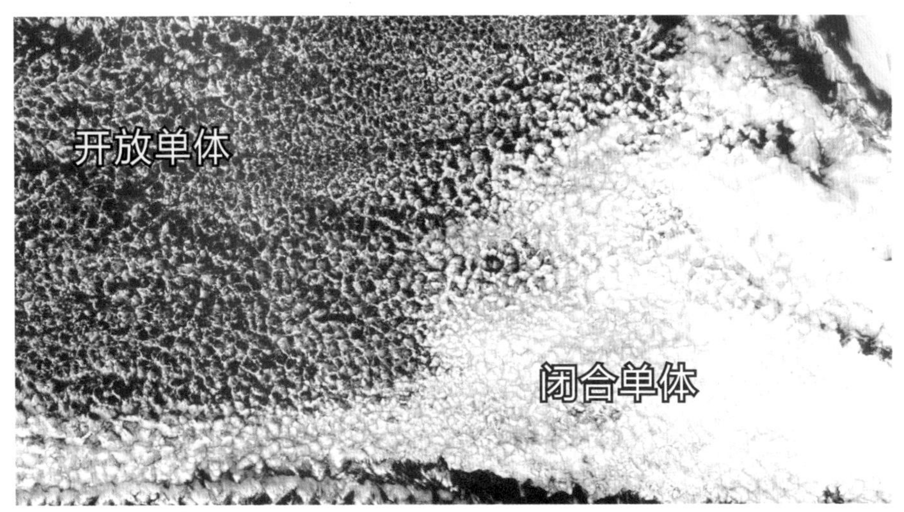

图 30　层积云

2017 年 9 月 7 日 SuomiNPP 卫星拍摄的智利沿岸的可见光图像。图像来自 NASA EOSDIS Worldview 网站闭合单体状层积云会带来阴天。在日本东京附近地区，中心在北部的高气压内，伴随着寒冷的东北风形成的层积云，有时会产生**东北气流阴天**。实际上，这也是个难以准确预报的现象，对天气和气温预报很重要。此外，当夏季鄂霍次克海高压向南延伸的时候，日本东北地区太平洋一侧会刮起被称为"**山背风**"的东北风或者东风。伴随着山背风的层积云有时会导致低温和日照不足，给当地农作物带来不利影响。

如果发生山背风，层积云会在从日本北海道南岸到日本中部、南部地区的山脉东侧地区延伸开来（图 31）。这时候如果从日本东北地区海岸上空的飞机上观察层积云，可以看到蓬松的云聚集在一起，有着闭合单体状层积云的特征（图 32）。遇到层积云形成的阴天时，用卫星图像看一看云的状态和范围，想象一下是什么样的云造成了阴天的黑幕，也是很有意思的事吧。

图 31　山背风发生时太平洋一侧的层积云

2016 年 4 月 2 日 Aqua 卫星拍摄的可见光图像，图像来自 NASA EOSDIS Worldview 网站

图 32　日本东北海面上空看到的层积云　千种百合子供图

温和敦厚的雾和层云

雾和层云其实是同一种东西，唯一的区别在于是跟地面接触还是飘浮在空中。让我们来看一看这些温和敦厚的可爱孩子们的组成结构吧。

从雨后晴朗的夜晚，到第二天早晨，会出现辐射雾（图 33）。白天来自太阳的辐射会使地面的温度升高，夜晚地球会向宇宙空间发出红外辐射，而使得气温降低，产生辐射冷却。辐射雾是指当地面因降雨而潮湿时，通过辐射冷却导致温度下降所形成的雾，这位

图 33　辐射雾　2012 年 12 月 4 日摄于日本茨城县筑波市

图 34　海雾　2010 年 8 月 10 日摄于日本千叶县铫子市

小朋友在盆地和平原地区更容易遇到。

在沿海地区我们会遇到**海雾**（图 34）。海雾是温暖潮湿的空气经过较冷的海面时产生的一种**平流雾**。当海上发展起来的海雾流向陆地时，只要眨眼工夫，能见度就会变得非常差（图 35）。

冬季清晨从河面上升起的热气一样的**河雾**也很好看。它是一种冷空气流过温暖水面所产生的**蒸汽雾**，可以在冬天的田野上（图 36）、在日本海等各种各样的地方出现。除此之外，还有在山坡上因空气上升而产生的**上坡雾**、在暖锋前方和冷锋后方因降水使得地面附近空气饱和所形成的**锋面雾**，以及层云云底太低以至于达到地面所形成的云底低下型雾等类型。在冬季积雪的区域，如果下雨使得水分增加时，由于积雪融化使地面附近空气冷却，同时积雪中的水分蒸发

图 35　侵入港口内的海雾

2010 年 9 月 1 日摄于日本千叶县铫子市

图 36　清晨田野升起的热气

麻里茂供图

达到饱和，也会形成雾（图 37）。

当大气的下层存在层云和层积云时，爬到高山上就可以看到美丽的云海。因为层积云的高度在 2 千米以下，推荐从较高的山上观看。雾（层云）尤其是辐射雾的厚度是几十米，有时又很浓密，这样从高楼大厦上也能享受到看云海的乐趣了（图 38）。住在城市中心高楼上的朋友们，如果预报有浓雾，第二天一定要早起，让我们对着雾气环绕的、梦幻般的街道使劲拍照吧。对了，安全第一！

图 37　积雪区的雾　2015 年 3 月 4 日摄于日本新潟县长冈市，山下克也供图

图 38　辐射雾形成的云海　2016 年 4 月 8 日摄于日本茨城县筑波市

3

警告危险的云

积雨云的构造

积雨云有时在局地突然发生，会引起大雨和龙卷风等阵风以及雷电和冰雹等各种剧烈的大气现象，成为导致灾害的主要原因。然而，**积雨云发展起来的时候，它会大声警告我们危险要来了。**如果我们留意到这个声音，读懂了云的心，就能意识到危险，并到坚固的建筑物中去躲避。因此，下面我会介绍积雨云的构造，讲解能够警告危险的云的特征。

首先，我们看看在没有垂直风切变的环境下发展起来的孤立积雨云（**单体、对流单体**）的一生（图 39）。积雨云发展的时候，大气状态不稳定（第 1 册第 4 章），但只有这点并不能发展出积雨云。①局地锋和地形等原因将下层空气抬升，产生上升气流；②这一上升气流把下层温暖湿润的空气送到抬升凝结高度以上，产生了云；③由上升气流抬升的空气越过自由对流高度后，可以自动上升。此后，在上升的同时，云的体积也变大，在云中经过各种各样的云物理过程，形成了降水粒子；④由降水粒子相变导致的冷却和载入效应使得云内产生了下降气流；⑤云顶达到平衡高度（对流层顶等），成了伴随着砧(zhēn)状云的、名副其实的积雨云。地面上的降水增强，下降气流也增强以抵消上升气流；⑥失去了上升气流的积雨云在下降气流的支配下开始减弱。到达地面的下降气流向周围扩散，形成名为阵风锋的局地锋，它的前端抬升周围的空气，有时会形成新的积雨云（回到了①）。这样，积雨云的一生就结束了，下一代又继续发展。

图 40 将积雨云的一生分为三大阶段。在发育期，积雨云是由上升气流支配的；在成熟期，积雨云中上升气流和下降气流混合存在；衰弱期的积雨云则是由下降气流主导的。如果通过卫星观测积雨云的发展，就会看到云一鼓作气抬升起来，随后砧状云铺展开来，并在上升气流较强的部分发生过冲。一个积雨云寿命约为 1 小时，能给地面带来几十毫米的降水。积雨云外表看起来好像挺积极，但其实是被自身下降气流自我毁灭的、自虐式的云。不过，产生云朵萌芽的负面感情（下降气流）不只会毁灭自身，还会联结未来（产生新生的云）。从这个意义上说，积雨云是充满了人性化的云。

另外，在具有垂直风切变的环境中，积雨云的性格和一生都会发生变化（图 41）。离地面 6 千米高度上的风的切变被用作衡量垂直风切变的指标，在该高度上风速如果达到 10 米每秒以上就成了多单体雷暴积雨云，如果达到 20 米每秒以上就变成了超级单体积雨云。这些积雨云的移动速度越大，寿命就越长。让我们看看这些积雨云各有什么样的性格吧。

积雨云的一生

① 上升气流的形成

② 达到抬升凝结高度→云的发育

※从此开始进入发育期

③ 达到自由对流高度

④ 在云中形成下降气流

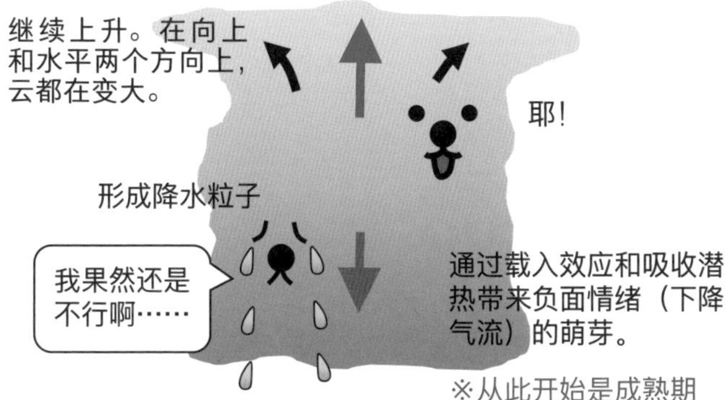

※从此开始是成熟期

⑤ 云的成熟

⑥ 云的衰弱和新上升气流的诞生

※这里是衰弱期

图 39　积雨云的一生

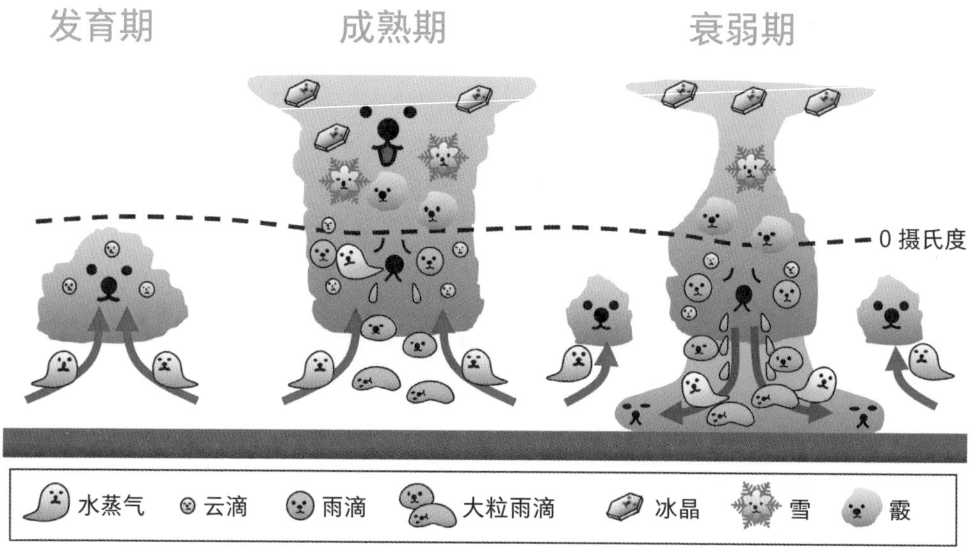

图 40　再稍微深入地揭露一下积雨云的一生

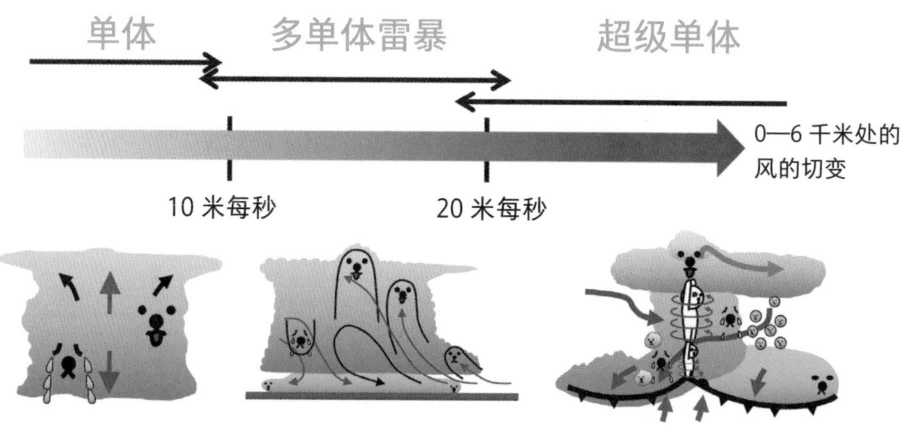

图 41　垂直风切变造成的积雨云的性格变化

多单体雷暴：多个世代合体

多单体雷暴（**多重细胞对流**）是发育期的多个不同的对流单体所形成的大的积雨云（图 42）。多单体雷暴内部排列着发育期、成熟期、衰弱期的对流单体（图 43），成熟期和衰弱期的对流单体导致的阵风锋会在下层的风的上方产生新的对流单体。多单体雷暴中有对流单体的世代交替，寿命有时可以长达几个小时。

多单体雷暴是夏季带来局地大雨和雷雨的典型积雨云，会在城市中心造成水灾和停电。还有可能产生弱的龙卷风等阵风和冰雹，是可能导致暴风雨的云，因此需要加以注意。

图 42 多单体雷暴 2016 年 7 月 14 日摄于日本茨城县筑波市

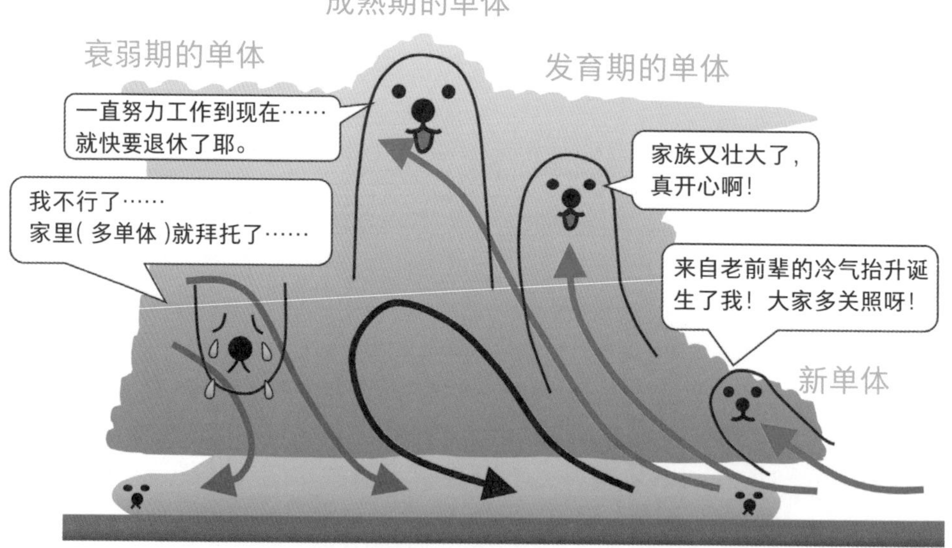

图 43 多单体雷暴图解

超级单体：旋转的巨大积雨云

在非常不稳定的大气中发育而成的、垂直风切变很大的巨大积雨云被称为**超级单体**。超级单体是一种持续存在结构，其中有涡旋所伴随的上升气流，涡旋的直径约为几千米，被称为**中气旋**。超级单体移动速度较大，通常不会因为持续的大雨而导致洪水，但是会产生强烈的龙卷风和巨大的冰雹（图 44）。

图 44　超级单体　图像来自美国国家海洋和大气管理局（NOAA）图片库

在北半球，超级单体会在从下到上风向顺时针变化的垂直风切变环境中发育成长（图 45）。由于强的垂直风切变，中层的风把云中的下降气流运送到积雨云前方，干燥的中层风进入云中的时候，会引起云质粒的蒸发，在积雨云后方也产生**下降气流**。于是，积雨云中的上升气流不会被下降气流抵消掉，云的寿命就延长了。超级单体中上升气流区域对应的逆时针旋转的中气旋也存在于中层和下层，整个云也是逆时针旋转的。通常认为，积雨云前方和后方的两个下降气流分别在前方和后方产生了阵风锋，龙卷风就发生在它们交汇的下层中气旋的正下方。

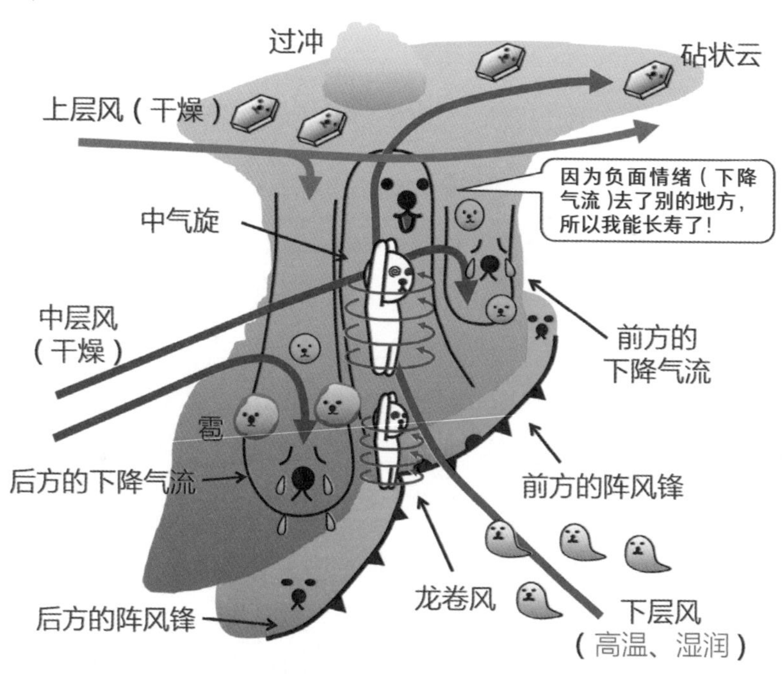

图 45　超级单体图解

图 46　超级单体　2013 年 9 月 2 日在日本产生龙卷风的超级单体

虽然一提起超级单体，大家往往就会想到美国，但是超级单体在日本等国家也会发生，而且并不罕见（图 46）。超级单体除了明显的滩（tān）云（图 47）之外，还伴随一些特有的云，它们都在向我们呼喊，危险要来了。

图 47　伴随超级单体的滩云　让优介、梅原章仁供图

幞状云：云发育时戴的帽子

还在成长发育中的浓积云、积雨云有时会戴着帽子一样的云（图 48），这是被称为**幞**(fú)**状云**（Pileus）的副变种。幞状云的范围只限于在小的对流单体上部扩展，不过要是幞状云在水平方向上延伸出去、横跨多个对流单体，就会被归类为另外一个副变种，叫作**缟**(gǎo)**状云**（Velum，图 49）。

幞状云是对流单体的上升气流将高空湿润空气抬升所产生的云。幞状云刚形成时，像帽子一样覆盖着云顶，如果对流单体进一步上升，就会把帽子顶破。幞状云的存在表明该对流单体马上就要发展到顶峰了，因此可以从中读取到大气状态不稳定的信息。然而，有时候缟状云即使铺展开，积云却一直不能突破它，也就不再往上发展了。

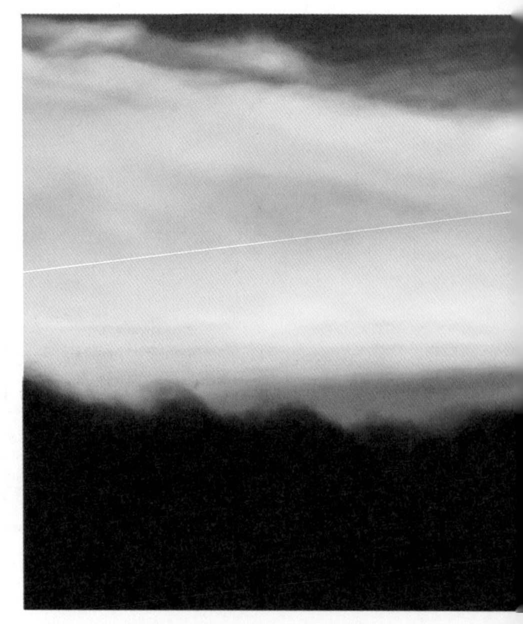

图 48　幞状云

酒井清大供图

图 49　缟状云

2017 年 7 月 11 日摄于日本茨城县筑波市

密卷云：营造不安氛围

到达上限的积雨云会产生名为砧状云（Incus，第2册第2章）的副变种，如果它进一步扩展开，就会产生密卷云（图50）。

特别是从春季到秋季的炎热日子里，在蓝天上，从某个方向伸展开的密卷云使得天空变暗，带来了不稳定的气氛。密卷云告诉我们，在它来的方向上，有达到上限的积雨云。

图50 密卷云

2012年8月17日摄于日本茨城县筑波市

悬球云：暴风雨的前兆

有些云的云底长着光滑的鼓包，这种云底很值得一说。它就是副变种之一的**悬球云**（Mamma），会在卷云、卷积云、高积云、高层云、层积云和积雨云等各种云中出现。一般认为，悬球云的形成原因主要包括与云底产生的小涡旋相伴的下降气流、云底下沉、降水粒子的下落和蒸发等。黄昏时出现的悬球云会被染上晚霞的色彩，让我们一睹梦幻般的景色（图 51）。

在积雨云以外的云中出现的悬球云基本上没有危害，但是伴随着积雨云的悬球云会向我们高呼危险的来临。因为伴随积雨云的悬球云是在云移动方向前面的砧状云云底出现的，可以从中看出带来雷雨和阵风的积雨云即将到来。与其他美丽的悬球云不同，这种情况下的悬球云会显现出可怕的、黑黝黝的身影（图 52）。

图 51　高积云产生的悬球云　2017 年 9 月 12 日摄于日本埼玉县加须市，国本未华供图

图 52　砧状云云底产生的悬球云

2014 年 6 月 29 日摄于日本茨城县筑波市

弧云：看见阵风锋

人们常说“风暴前方刮着猛烈而寒冷的风”，有时不单是冷，风速还会迅速增大，带来突发的大风。这种大风被称为**阵风**（Gust），阵风前端所形成的局地锋被称为**阵风锋**（Gust front）。

在积雨云里，由降水粒子的升华、蒸发、融化带来的冷却和载入效应一同产生了冷的下降气流，该气流到达地面后向四周扩展（图 53）。这种气流被叫作**冷气外流**，其前端部分风力尤其强，所

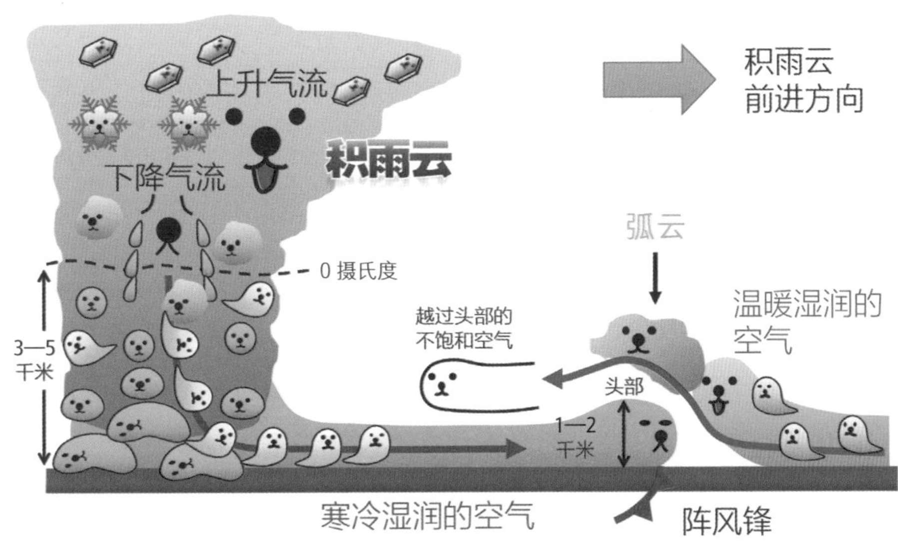

图 53　阵风锋的构造

以被称为**阵风**。阵风持续时间通常小于 20 秒，观测前后的风速差大于 4.5 米每秒，风速可达 8 米每秒以上。阵风的厚度为 1—2 千米，前端有被称为鼻（Nose）和头（Head）的结构，看起来就像一张脸。

阵风锋将温暖湿润的空气抬升起来，在其上部形成了名为**弧云**（Arc cloud）的云。弧云中的“弧”（Arc）是圆弧的意思，就像这个名字所表示的一样，弧云是从积雨云那里呈弧状向外扩展的（图 54）。在云的副变种中有一种弧状云，但是弧云和弧状云不一样，弧云所在的位置离积雨云比较远。我守候着阵风锋，将其随时间的变化拍摄

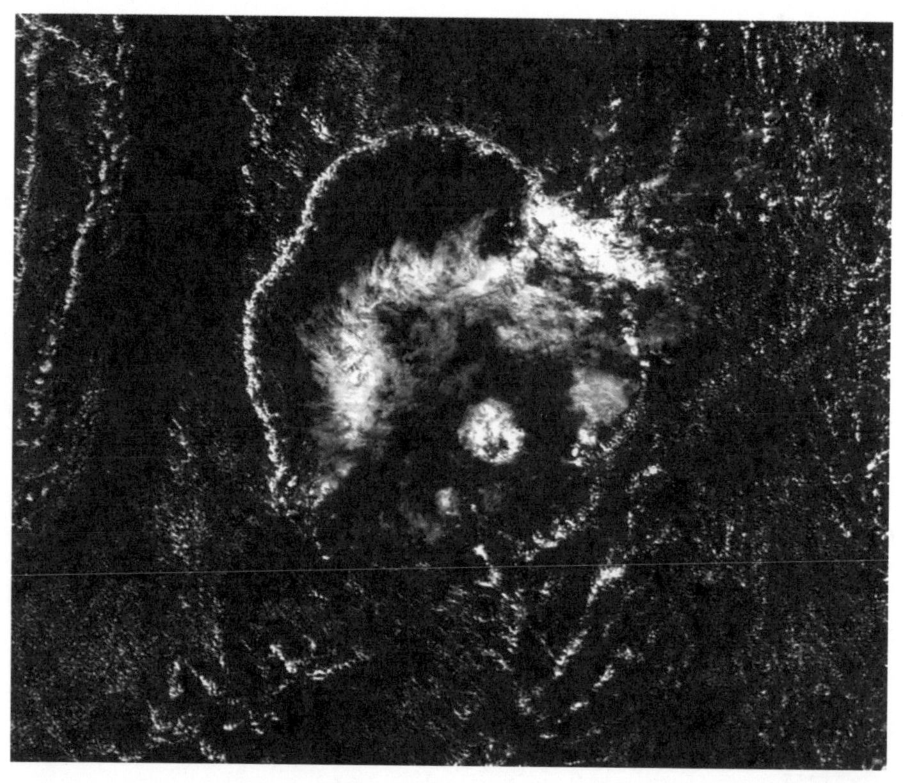

图 54　大海上空形成的弧云

2016 年 1 月 5 日 SuomiNPP 卫星拍摄的可见光图像，图像来自 NASA EOSDIS Worldview 网站

下来，展示在图 55 中。弧云在很短的时间内压过来，它从我头顶经过的同时，突然刮起大风，风大得让我感觉都站不稳了。组成弧云的云质粒也在上升区域不断形成，并且在阵风的头的后面略微下降并蒸发。

阵风锋上有时会有被称为**阵风卷**的涡旋导致的阵风（图 56）。阵风卷和尘卷风具有类似的性质，其发展与云中的上升气流无关。阵风锋抬升周边空气，是产生积雨云的主要原因。如果你看到有弧云逼近，立即去坚固的建筑物内躲避吧。

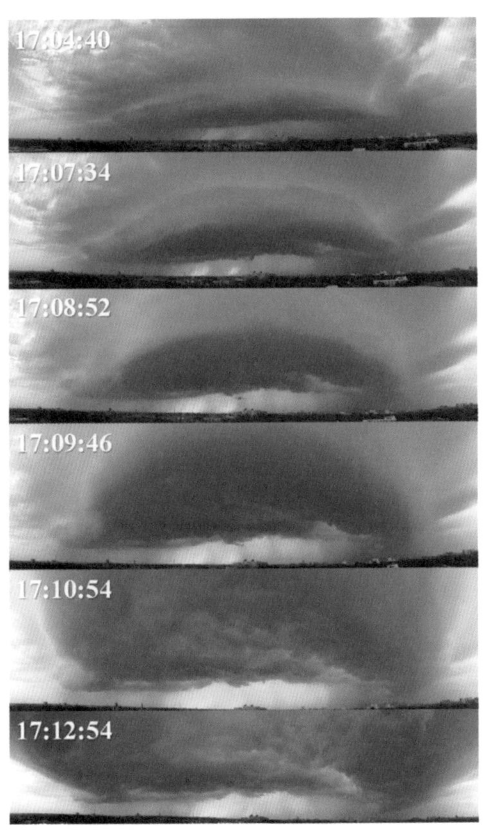

图 55　弧云随时间的变化

2014 年 5 月 1 日摄于茨城县筑波市

图 56　阵风卷

2014 年 6 月 2 日摄于美国堪萨斯州，青木丰供图

滩云：迫近的云墙

在对流性云的云底附近，有时会出现浓密且水平延伸的滚动的**滩**(tān)**云**（Shelf cloud，图 57）。滩云被划分为副变种中的**弧状云**（Arcus），时而杂乱，时而光滑，有时会有重叠的多个结构。

滩云在超级单体等积雨云以及在普通的浓积云等的云底附近都可以产生。滩云小朋友是伴随着阵风锋的弧云和作为其发生源的对流云粘连在一起形成的，仔细观察一下就会发现滩云中有上升的气流。滩云有时也会沿着冷锋出现（图 58）。

这位小朋友告诉我们积雨云等对流云、冷锋马上就要来了，所以如果你看到它，请立刻躲避起来。

图 57　滩云

2010 年 5 月 31 日摄于美国内布拉斯加州，图像来自 NOAA 图片库

图 58　伴随冷锋的滩云

2016 年 6 月 3 日摄于日本冲绳县丰见城市，野嵩树供图

超级单体特有的云

幞状云和密卷云、悬球云、滩云、弧云等在普通的积雨云中也能发生，不过也有一些云是超级单体所独有的。

从超级单体的云底往下延伸的像墙壁一样的云被称为**墙云**(Wall cloud)，这一副变种的拉丁名为 Murus（图 59）。墙云是在超级单体前方和后方的降水区域（下降气流区域）之间产生的，其位置对应于下层的中气旋，伴随超级单体的龙卷风就在这里形成。墙云是逆时针旋转的，其中存在强烈的上升气流。

图 59　伴随超级单体的墙云

2015 年 8 月 12 日摄于日本茨城县筑波市

此外，有一种带状云，它是与向超级单体吹去的下层风平行并延伸的，因为长得像是海狸的尾巴，所以被叫作**海狸尾**，这一副变种的拉丁文名为 Flumen。海狸尾具有和墙云不同的特征，形成海狸尾的云是被纳入超级单体内的，和墙云没有接触，海狸尾的云底比墙云要高。

和墙云相连的水平方向伸展的尾巴一样的云被称为**尾云**，这一副变种的拉丁名为 Cauda（图 60）。尾云和墙云形成于同一高度，是在超级单体后方下降气流产生的阵风锋之上形成的，从后方的降水区域向远处移动。

我们平时很难见到这些超级单体所特有的云，但是它们会警告我们危险迫在眉睫。一旦你看到这些云，就说明有可能会发生强龙卷风，请立刻到坚固的建筑物中躲避起来。

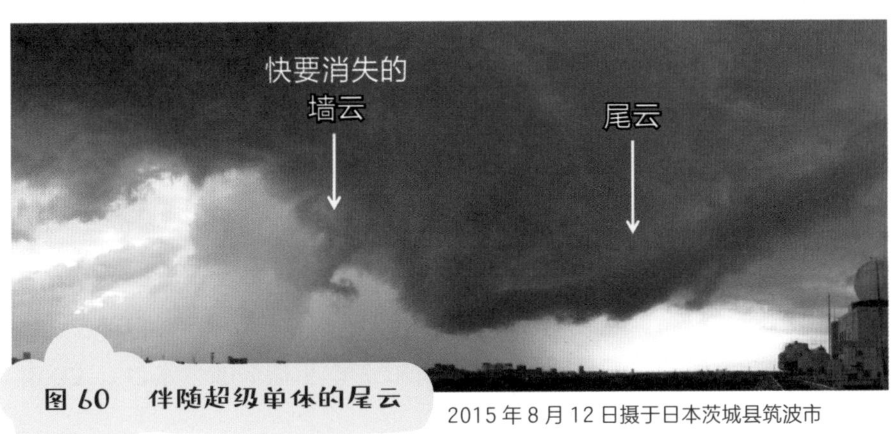

图 60　伴随超级单体的尾云

2015 年 8 月 12 日摄于日本茨城县筑波市

管状云：龙卷风在逼近

从积雨云的云底延伸出来的柱状或者漏斗状的云被称为**管状云**（这是副变种，拉丁名为 Tuba，图 61）。有些报道里会把管状云叫作龙卷风的卵，然而事情并不那么简单，管状云是在龙卷风发生之前或者发生之中出现的云。说起来，龙卷风是管状云到达地面后形成的激烈涡旋，因此管状云是一个情况危急的警告，警告我们龙卷风随时可能发生。

管状云是积雨云变化的过程中所产生的云，它伴有垂直涡旋。有时也会通过大气下层的垂直风切变形成，剧烈的垂直涡旋导致气压降低，绝热膨胀的空气形成云滴，最后形成管状云。管状云是非常危险的云，如果见到它，请立刻躲起来。

图 61　管状云　2017 年 9 月 13 日摄于日本新潟县上越市，杉田彰、诸冈雅美供图

带来灾害的云

局地大雨的真相

云有时会引起恶劣的大气现象，成为灾害的源头。这里我们了解一下会带来灾害的云是如何产生的。

首先来看**局地大雨**。日本气象厅将“在短短几十分钟时间内雨量可达几十毫米的强降雨”称为局地大雨。其中，带来水灾的那些局地大雨被称为**局地暴雨**。此外，日本气象厅对于**“短时特大暴雨”**的解释是同一地点几小时内有一百到几百毫米的强降雨。

一些局地大雨作为短时大雨，在城市里会造成道路积水、内涝等城市型水灾；而短时特大暴雨则会导致泥石流、河水泛滥等大规模水灾。从这点来说，两者的灾难规模完全不同。

> **云朵小知识**
>
> 中国按日降水量将降水划分为小雨、中雨、大雨、暴雨、大暴雨和特大暴雨6个类型。其中，24小时降水量为25—49.9毫米的是大雨。

局地大雨是由积雨云导致的，有时我们能清楚地看见晴天和雨天的分界（图62）。我们以日本东京湾附近的情况为例，分析一下局地大雨的成因。

图 62　局地大雨　2016 年 7 月 31 日摄于日本茨城县筑波市

当下层空气被抬升、高过自由对流高度时，会形成积雨云。这一过程被称为**对流初生**（Convective initiation），在该过程中，尺度抬升机制很重要。其中之一是地形导致的强制抬升（图 63 ①）。夏季晴朗的午后，在山区中发生的局地大雨就属于这种类型。当天气晴朗、地面温度升高时，内陆地区会形成一种被称为**热低压**（heat low）的中尺度低气压。在这个低压的作用下，周边形成大范围的海风，从海上向陆地上提供水蒸气，同时沿着山脉的迎风坡上升，于是完成了对流初生过程。这种类型的局地大雨通常在傍晚五点达到最大，带来所谓的傍晚骤雨。

接下来，有时在吹向陆地的海风不那么强烈的情况下，从四周沿海的陆地上吹来的海风小伙伴们辐合在一起，被中间东京湾周围的海风锋强制产生上升气流，达到对流初生的结果（图 63 ②）。这种类型的局地大雨预测难度也很高，如果没有对地面附近的风、气温、水蒸气含量和范围等的正确观察和预测，就无法做出很好的预报。在下层非常潮湿的情况下，即使在 200—300 米级的小山上，强行上升的气流也可能产生积雨云。

更难预报的是与阵风锋相关的局地大雨（图 63 ③）。在山区和平原已经发展起来的积雨云所导致的阵风锋成了对流初生的原因。如果阵风锋小伙伴之间碰撞、融合和交汇，会强化上升气流，就更容易发生对流初生。即使是阵风锋和海风锋等局地锋小伙伴的作用，也会形成积雨云。因为如果不能正确预测阵风锋产生的积雨云，就无法预测对流初生，所以这种类型的局地大雨被认为是最难预测的。

除此之外，对于对流初生的原因也有各种各样的讨论，相关的预测研究也在进行，他们使用时间和空间分辨率较高的气温、风场、水汽等观测数据，以期更好地掌握大气的实际状态。

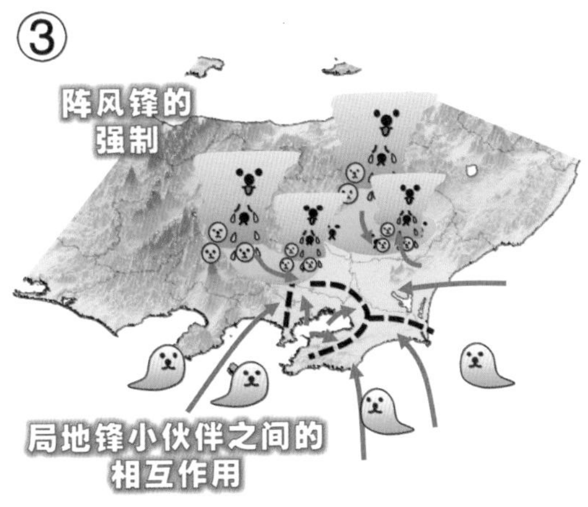

图 63　日本关东平原对流初生的机制

短时特大暴雨

世界各地每年都会发生洪水，其常见原因就是**短时特大暴雨**。虽然我们知道，短时特大暴雨发生的时候一小时内就能降下 100 毫米级的雨，但是光看数字的话，对于它的危险性还是难以留下深刻印象，所以我用图 64 的图解来说明一下。

> **云朵小知识**
>
> 在中国，24 小时降水量为 50 毫米以上的强降雨称为暴雨。按降水强度的大小，划分为三个等级。24 小时降水量为 50—99.9 毫米时，是“暴雨”；24 小时降水量为 100—249.9 毫米时，是“大暴雨”；24 小时降水量在 250 毫米以上时，是“特大暴雨”。

降水量，或者说雨量，是指降下的雨没有流走、原地积累起来的水深，用毫米作为单位。一小时 100 毫米的雨量，相当于在 1 平方米的面积里积累了 10 厘米深的雨水，其重量是 100 千克。也就是说，一小时 100 毫米的雨，相当于一小时落下一个体重 100 千克的**小号相扑手**。

而且，短时特大暴雨是在几千米到几十千米的范围内降下同样大的雨。降雨聚集到低洼地带，会引起雨涝灾害，也会导致河水上涨、

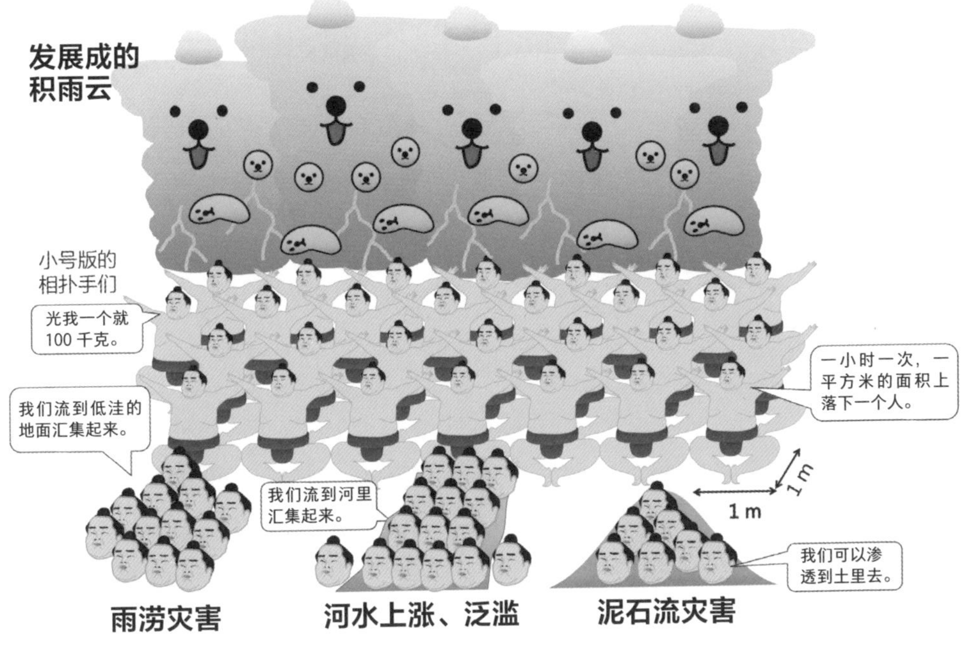

图 64　一小时内降水 100 毫米的大雨的图解

泛滥和泥石流。猛烈的雨一下起来，会让人觉得身在瀑布中，有一种呼吸困难的压迫感，视野受到限制，除了雨滴倾盆而下的哗啦声，其他什么也听不见。这种大暴雨和洪水直接相关，非常危险。

一朵积雨云的寿命约为一小时，能带来几十毫米的雨量，因此要产生短时特大暴雨，需要多个积雨云组织起来。在适当的垂直风切变

云朵小知识

小号相扑手：日本相扑手的体重通常超过一百千克，甚至有的体重达两三百千克，所以这里作者将一百千克的相扑手称为小号相扑手。

环境中，在积雨云前进方向的后面（下层风的上风侧）会不断地形成新的积雨云，被称为**积雨云的后向建立**（图 65）。这样一来，特定地区的雨量增加、大气状态非常不稳定而形成多个积雨云，就会在一小时内达到 100 毫米级的雨量，形成短时特大暴雨。

像这种线状的、有组织的积雨云群有时被称为**线状降水带**。线状降水带的形态有**飑**（biāo）**线型**、**后向建立型**、**后侧向建立型**三大类，它们各自降水体系内的下层风和中层风的气流结构是不同的（图 66）。

飑线型移动速度很快，虽然会导致短时强降雨和阵风，但是不会带来短时特大暴雨。**飑**这个字容易让人有一种热带地区局部降雨的印象，但其实这个字原本是指阵风，在航海用语中，是伴随着阵风的局部暴风雨的意思。线状、有组织的飑就是**飑线**。

图 65　积雨云的后向建立

2014 年 9 月 11 日摄于日本北海道上空

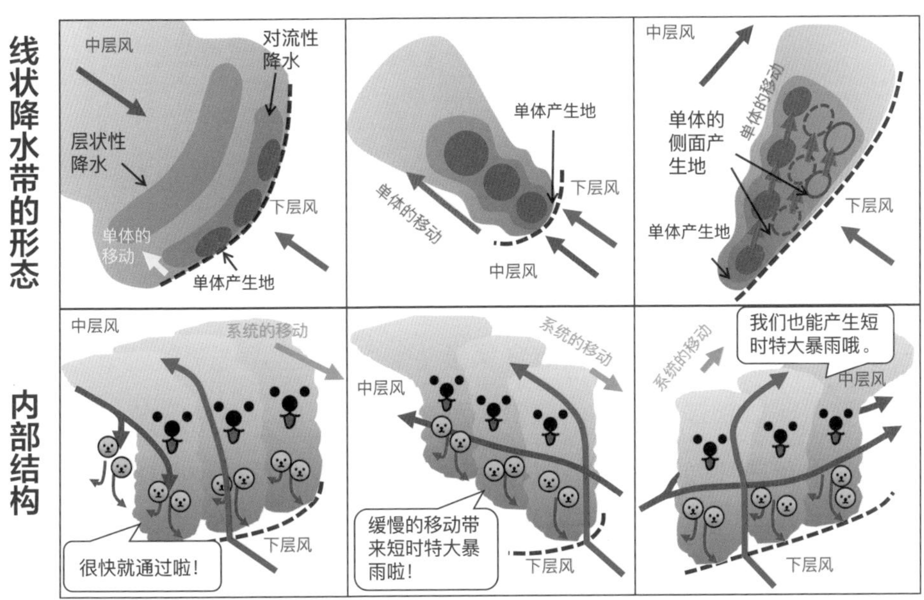

图 66　线状降水带的典型形态

另外，后向建立型和后侧向建立型的线状降水带移动速度慢，相对于老的积雨云，会在下层风的上风侧持续形成新的积雨云。因此，这两种类型的线状降水带是导致短时特大暴雨的典型降水系统。

不光是线状降水带，在台风临近等情况下，因为地形的影响也会形成短时特大暴雨，这叫作**地形性暴雨**。

当大量水蒸气遇到山脉的时候，地形导致水蒸气强制上升，会形成低云族的云（图 67）。当从这种低云族云上面的云中落下降水粒子，降水粒子就会随着低云族云的云质粒作用而成长。比方说，

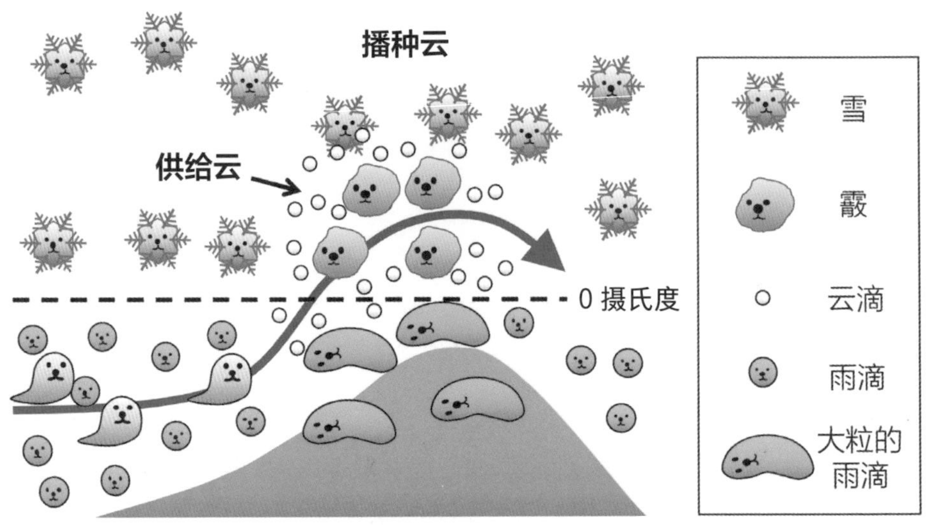

图 67　播种供给机制导致的降水增强

当落下的降水粒子是雨滴时，会和低云族云的云滴碰撞合并成长；当落下的是雪的时候，会和下层的过冷却云滴因为云滴捕获而成长。这时上面的云叫作**播种云**（Seeder cloud），下面的云叫作**供给云**（Feeder cloud），这样由山脉强化的降水过程叫作**播种供给机制**。

对短时特大暴雨来说，宏观尺度上的锋和地形等因素导致的强制上升非常重要，所以短时特大暴雨比局地大雨要更好预报，不过对其产生和衰弱的时机、雨量等的正确预测仍然是研究课题之一。

如果预计会发生短时特大暴雨，气象预报中会预测雨量。大家要对预报的雨量数字所对应的水的累积重量形成印象，并做好准备，在危险来临前撤离到安全场所避难。

危险的降雹

从春季到秋季，伴随着多单体雷暴和超级单体，有时会降下雹(báo)（图 68）。雹的大小有时可以达到葡萄柚那么大，下落速度可以超过 30 米每秒（时速 108 千米）。美国 2010 年观测到了直径为 20.3 厘米的大冰雹，而据记载，1917 年 6 月 29 日，在日本埼玉县，如今熊谷市附近的地方，观测到的大冰雹直径约 29.6 厘米，重约 3.4 千克。

雹是和霰(xiàn)具有相似形成机制的冰粒，直径不到 5 毫米的叫作**霰**，直径大于等于 5 毫米的叫作**雹**。霰是积雨云中的雪晶和冰粒捕获了过冷却云滴而形成的，它下落到融化层（**0 摄氏度高度**）以下时，表

图 68 雹

2012 年 5 月 6 日摄于日本茨城县东海村，荒川和子供图

面会融化形成水膜（图 69）。当积雨云的强烈上升气流把这种霰从融化层抬升到高空时，使得它的表面发生冻结。此后，霰一边捕获云滴继续成长，一边反复下落和上升，最后成长为雹。捕获云滴成长和冻结的过冷却云滴彼此之间有空隙，但是由表面融化的水膜所形成的部分没有空隙。因此，如果把雹切开看，会看到有像树木年轮那样一圈圈的结构（图 70）。此外，雹多为球形、椭球形、圆锥形等形状，也有些是尖尖的、有棱有角的（图 71）。通常认为这种形状不是由冰粒小伙伴黏到一起形成的，而是表面融化后再冻结的时候产生的。

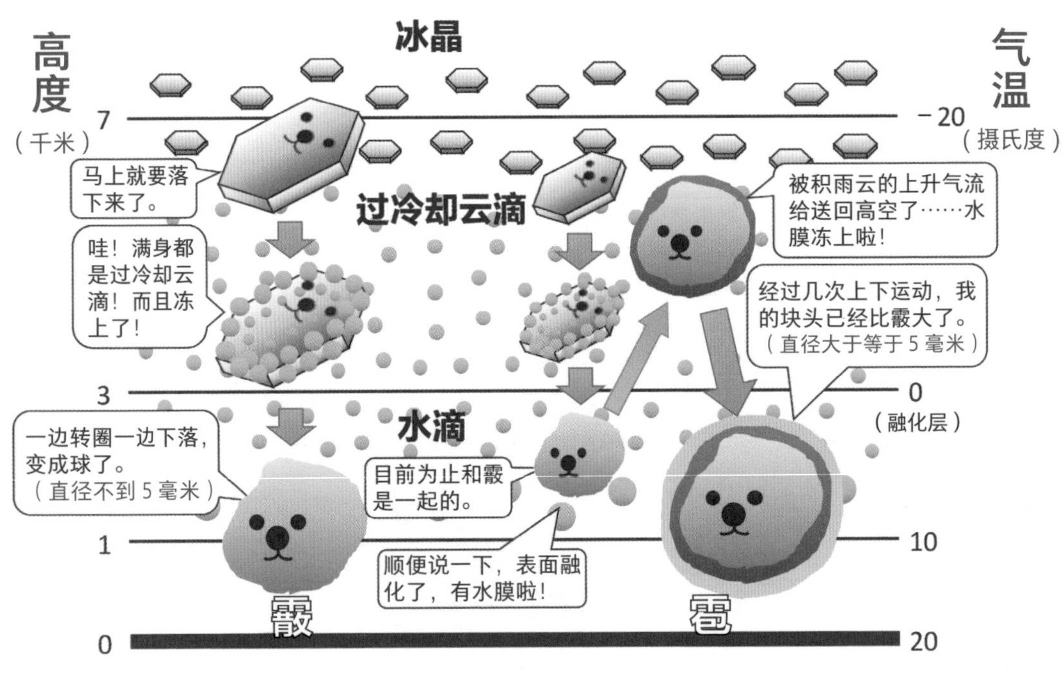

图 69　雹的原理

图 70　雹的切面

2012 年 5 月 6 日摄于日本茨城县东海村，荒川和子供图

图 71　雹

2017 年 7 月 18 日摄于日本东京都，町田和隆、小泽加奈供图

降雹是一种非常危险的现象，它除了会损坏屋顶、玻璃窗、私家车等，还会给农作物造成严重破坏，如果击中人，还可能造成致命伤害。如果遇到下冰雹，请立即到坚固的建筑物中躲避。在停止降雹、确认安全之后，如果在冰雹融化之前看看它的切面，想象它在云中反复升降的场景，也是挺有趣的。

雷电的科学

落雷是与积雨云一起产生的、值得注意的现象，特别是夏季在户外活动时可能会发生雷击事故，也可能导致停电，带来巨大经济损失（图 72）。

图 72　落雷的模样

2014 年 9 月摄于美国艾奥瓦州，图像来自 NOAA 图片库当积雨云中的电荷发生分离时，为了达到中和，会产生**放电现象**（第 3 册第 5 章）。以夏季的积雨云为例，云中的电荷分布从下往上分别为正极、负极、正极，被称为**三极结构**（图 73）。于是，中层的负电荷向下层正电荷区域移动，首先在云内开始电荷中和，然后进一步在云底延伸并分叉，寻找通向地面的最短路径。这种分叉的负电荷放电的特征是每次只前进 20—50 米左右就停住，然后再前进同样的距离，因此被称为**阶梯先导放电**（Stepped leader）。当它来到地面附近时，带正电的地面的电荷会增强，正电荷从树木和铁塔等高大的突出物向空中延伸。当它们相遇时，传导通道就打通了，大量正电荷从地面流向云中，引起了**返回雷击**。

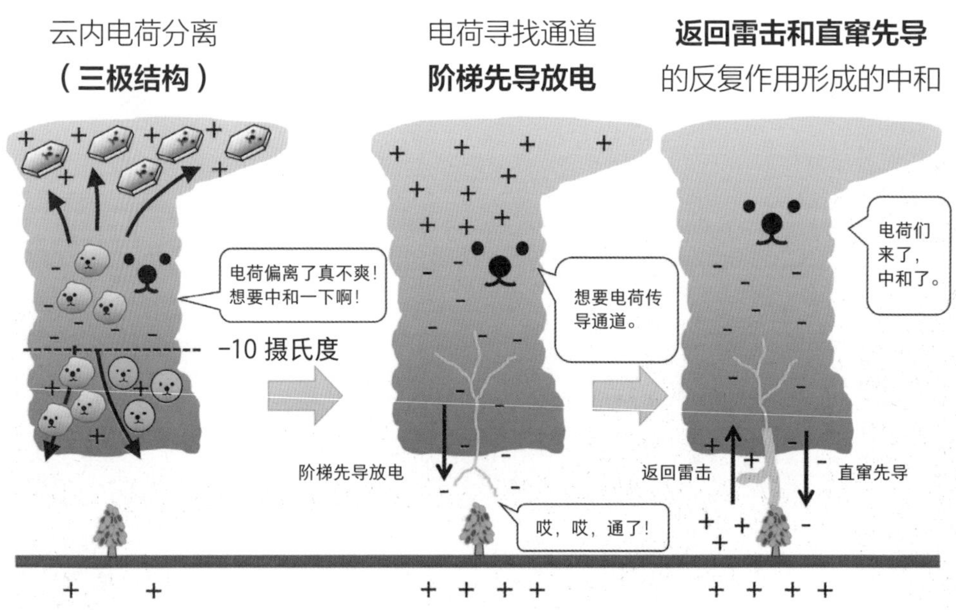

图 73　负极性落雷的原理

返回雷击之后，负电荷立即经由同一通道从云中流向地表，引起飞镖一样直接的放电，被称为**直窜先导**（Dart leader）。返回雷击和直窜先导如此反复发生数次，逐渐将云中的电荷中和掉。从向地面的阶梯先导放电开始到电荷被中和为止，这种对地放电的一连串过程总共只要约 0.5 秒的时间。我们无法用肉眼看到阶梯先导放电现象，我们熟悉的闪电是来自返回雷击和直窜先导的亮光。虽然叫作“落雷”，但其实一开始是“上升”的雷电。

说到落雷，好像是夏天特有的，但其实日本冬季靠日本海一侧的地区也经常能观测到落雷。通常认为，夏季的落雷中和的主要是负电荷，所以叫作**负极性落雷**，冬季落雷有一半左右是中和正电荷的**正极性落雷**。夏季积雨云云顶高度有 8—16 千米，并且具有三级结构，积雨云下层的正电荷触发落雷；与之相对的，冬季日本海一侧地区积雨云云顶高度很低，约为 4—6 千米，会从带正电的云顶向地面放电。这种冬季正极性落雷比夏季的负极性落雷能量更高，会产生强烈的落雷。

经常有人在雷雨稍微减弱、从云缝中能看到蓝天时，就跑到室外去，结果遭遇雷击而死亡。能清晰地听到雷声，表明积雨云离我们约 10—15 千米，这时即使抬头能看到些许蓝天，只要还能听到雷声，就要考虑发生落雷的可能性，尽量在建筑物和私家车中多躲避一会。

龙卷风和阵风

> **云朵小知识**
>
> 中国将龙卷风强度分为“弱、中、强、超强”四个等级。“弱”对应 EF0 及其以下，“中”对应 EF1，“强”对应 EF2、EF3，“超强”对应 EF4、EF5。

龙卷风可以说是阵风灾害的典型代表。日本气象厅将龙卷风定义为“从积云或积雨云垂下的柱状或漏斗状云所伴随的猛烈垂直涡旋”。日裔美国气象学家藤（téng）田哲也博士于 1971 年提出**藤田级数**作为衡量龙卷风强度的指标，后修订为**改进型藤田级数**，按照龙卷风所导致的受灾程度和风速，将龙卷风分为 EF0—EF5 共六个等级，这是目前国际通用的龙卷风等级指标。截止到目前，日本发生的最强龙卷风是 JEF3 级，这种强度的龙卷风是和超级单体相伴发生的（图 74）。

龙卷风的涡旋既有顺时针旋转的，也有逆时针旋转的。据研究，日本的龙卷风有 85% 是逆时针旋转的，剩下 15% 是顺时针旋转的。然而，与超级单体相伴的龙卷风是和逆时针旋转的中气旋一起形成的，所以在超级单体多发的美国，几乎所有龙卷风都是逆时针旋转的。

日本常见的龙卷风一般伴随着不是超级单体的积雨云，所以被

图 74　超级单体伴生的龙卷风

图像来自 NOAA 图片库

叫作**非超级单体龙卷风**。在海面、湖面等水面上成排出现的水龙卷就是其中的典型代表（图 75）。这种龙卷风多发生于垂直风切变的小环境中，由局地锋上的水平剪切不稳定所产生的名为**微气旋**的小涡旋放大了积云和积雨云的上升气流所形成的（图 76）。这时候，如果局地锋上辐合的风是顺时针旋转的，那么涡旋也会顺时针旋转。

下击暴流也是产生阵风的主要原因（图 77），下击暴流是“积云和积雨云所产生的冷而重的下降气流”，它一到达地面就向四周猛烈地吹出去。下击暴流的水平尺度小于几千米，寿命只有短短 10 分钟左右。此外，如果下击暴流吹出的风的水平尺度小于 4 千米，称为**微下击暴流**；尺度大于 4 千米，则称为**宏下击暴流**。只要积雨云发展到一定程度，就一定会发生下击暴流。

图 75　在海上发生的非超级单体龙卷风

沖野勇树供图

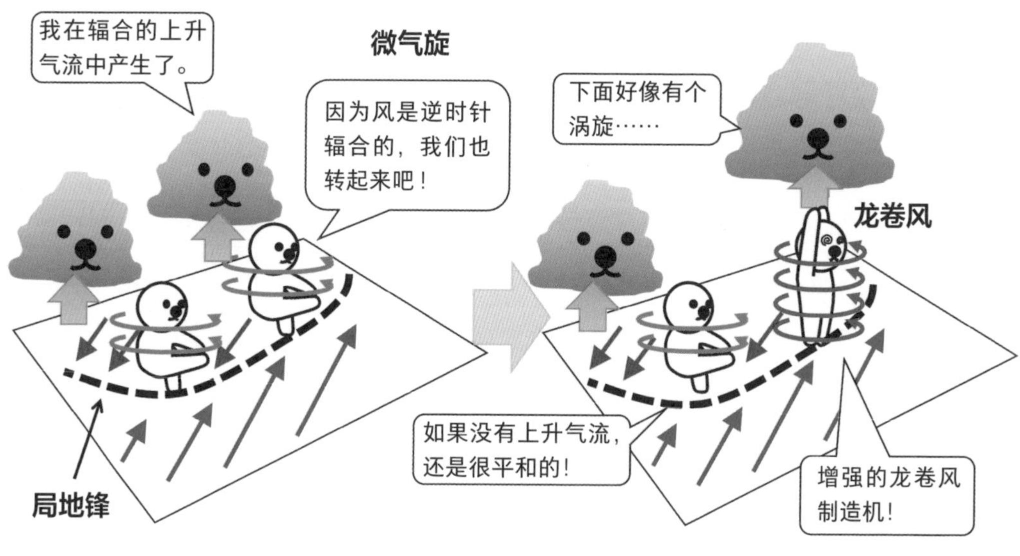

图 76　非超级单体龙卷风的原理

根据大气下层的湿度条件，有两种机制可以产生下击暴流。一种是**干下击暴流**。雨滴从积云中落下时，通过载入效应产生了下降气流，下降气流中的雨滴在下层的干燥区域迅速蒸发。于是，下降气流因为潜热被带走而变冷变重，加速下落，到达地面引起阵风。干下击暴流在冬季的日本中部地区也会发生，此时会看到幡状云向人们警告危险。另外一种是下层湿润时发生的**湿下击暴流**，这是由于干燥空气从中层流入，导致雨滴等蒸发，冷却的空气强化了下降气流所造成的。

除此之外，当阵风锋通过时，尘卷风也会导致阵风灾害。因为阵风现象会在极短的时间内发生，所以很多时候，眼看着阵风来了，即使想躲都来不及。因此，不要忽略积雨云临近的信号，在阵风等现象发生前就去坚固的建筑物里躲避，才是最好的选择。

图 77　下击暴流

图像来自 NOAA 图片库

炸弹气旋

有一种说法叫“天气从西边开始走下坡路了”，这说的是由高空偏西风从西边带过来的**温带气旋**（图 78），又称温带低气压或锋面气旋。迅速发展的气旋称为**炸弹气旋**，是造成暴风雨和暴风雪的主要原因。

云朵小知识

气旋是大气旋转形成的大型涡旋，在气压场上表现为低气压。

图 78　温带气旋所伴随的云

2012 年 4 月 3 日 Aqua 卫星拍摄的可见光图像，图像来自 NASA EOSDIS Worldview 网站

首先，我们看一下温带气旋的一生吧。为了产生温带气旋，需要在大气下层北边有冷气团，南边有暖气团，并且在两者交界处形成**静止锋**(图 79 ①)。另外，偏西风曲折前行，北边的冷空气会南下，在高空形成**气压谷地**（**槽**(cáo)），南边的暖空气会北上，形成**气压的山脊**（**脊**）。此时，伴随着冷空气的槽会在高空形成低压性的逆时针流动，这种流动也会传递到下层。当槽从西边接近静止锋时，下层空气也伴随着低压旋转，形成了与**冷锋**、**暖锋**相伴的温带气旋（图 79 ②）。温带气旋从槽中获得能量而发展起来。槽到达温带气旋中心位置正上方时，气旋的涡旋增强，冷锋追上暖锋，形成**锢**(gù)**囚锋**（图 79 ③）。此后，当槽向东移出，温带气旋失去锋结构，气旋中心比周围气温低（**冷气核**），逐渐开始减弱（图 79 ④）。

根据相对于暖锋、冷锋位置的不同，伴随温带气旋的云有很多种（图 80）。暖锋锋面比较平缓，多为层状云，当靠近地面上的锋时，会逐步看到卷云、卷积云、卷层云、高积云和高层云以及雨层云这样的变化。冷锋锋面比较陡峭，是一个容易导致对流初生、发展出积雨云的环境。在温带气旋的成熟期，这些云连到一起，从卫星云图上看，好像一个巨大的逗号（图 78）。

炸弹气旋的判断指标一般是：气旋系统的中心气压，在 24 小时的时间内，

$$\text{气压下降幅度} > 24\ \text{百帕} \times \sin(\text{纬度}) \div \sin 60^\circ$$

例如，在北纬 35 度的地方，将数值代入公式后计算出 $24 \times \sin 35^\circ \times \sin 60^\circ \approx 15.9$。那么，在北纬 35 度的地方，24 小时气压下降幅度大于约 15.9 百帕时，就被称为炸弹气旋。

① 温带气旋的诞生

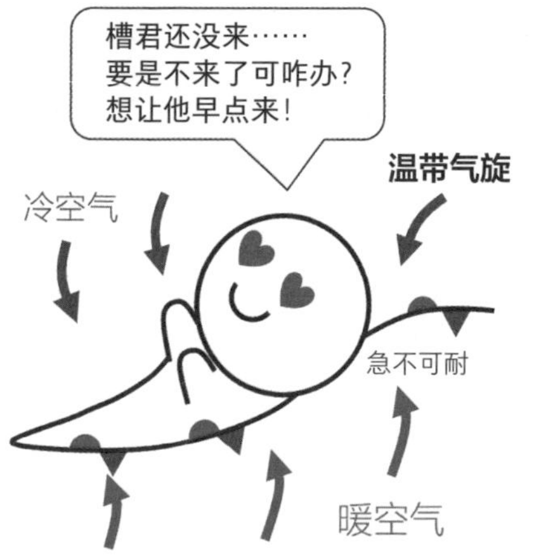

温带气旋出生在暖空气和冷空气之间，等待槽的出现。当槽从西边接近的时候，就会产生温带气旋。

② 温带气旋的发展

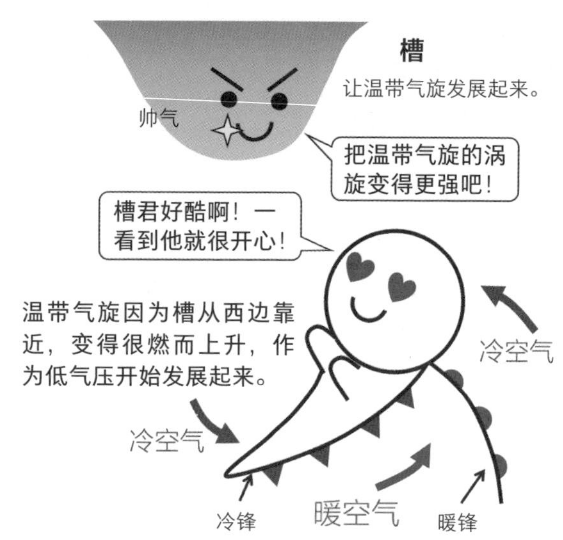

温带气旋因为槽从西边靠近，变得很燃而上升，作为低气压开始发展起来。

③ 温带气旋的成熟

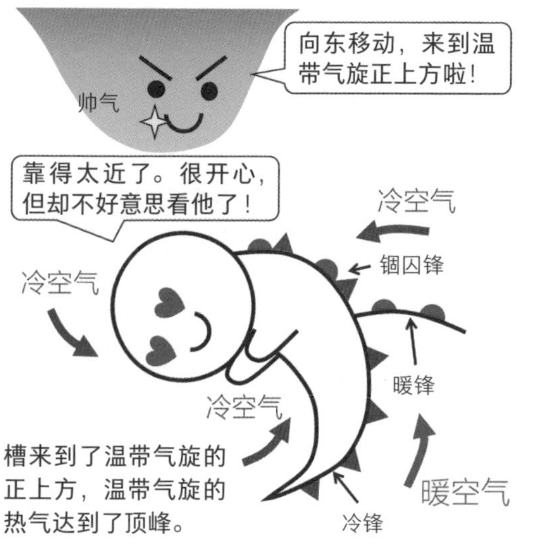

槽来到了温带气旋的正上方，温带气旋的热气达到了顶峰。

④ 温带气旋的衰弱

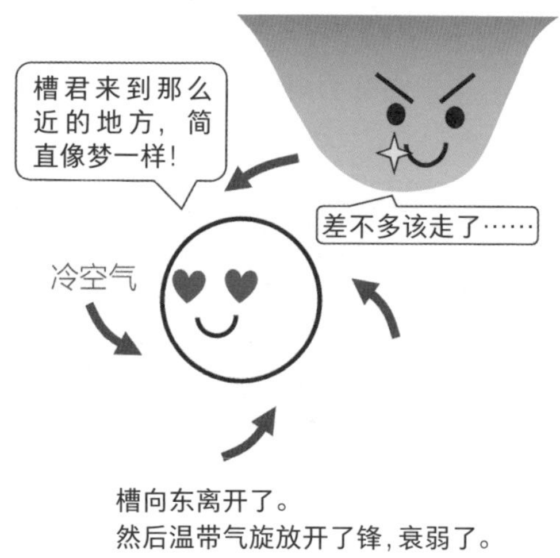

槽向东离开了。
然后温带气旋放开了锋，衰弱了。

图 79　温带气旋的一生

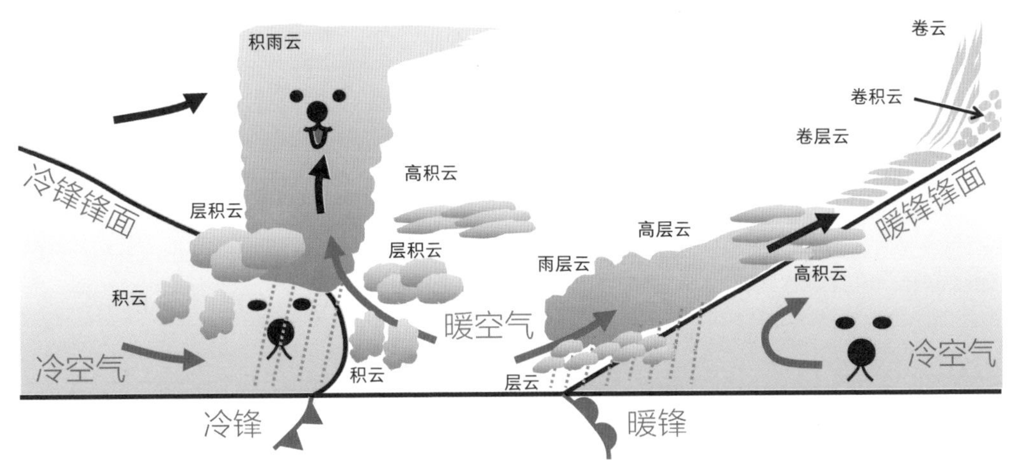

图 80 伴随温带气旋的云的图解

通常认为，温带气旋要想成长为炸弹气旋，从槽补充的能量、从海面供给的热量、伴随云的发展而释放的潜热等因素都很重要。

炸弹气旋会带来大范围的暴风，会导致冬季大雪和强暴风雪。有时在冷锋和暖锋之间的区域，从南方补充非常温暖湿润的空气，发展成积雨云，导致落雷、龙卷风等阵风、线状降水带等（图 66），会造成短时特大暴雨。在气旋中心附近，由于气压降低和暴风影响，有时会导致风暴潮。当听到天气预报中出现“急速发展的气旋”时，请多加小心，做好准备应对暴风雨天气吧。

肆虐的台风

台风是一种在西北太平洋发生、发展的热带气旋（图 81）。中国、日本等国家处于台风通道上，每年都会受到很大的影响。在其他海域也有和**台风**（Typhoon）一样的气旋，在北大西洋被称为**飓风**（Hurricane），在印度洋被称为**气旋**（Cyclone）。温带气旋是在暖空气和冷空气之间出生长大的，台风则只是由暖空气形成的气旋。

台风的命名由政府间组织台风委员会负责，从台风可能影响的中国、日本、韩国等 14 个国家和地区提出的 140 个名字当中按顺

图 81　台风所伴随的云

2017 年 9 月 14 日 Terra 卫星拍摄的可见光图像，图像来自 NASA EOSDIS Worldview 网站

序给台风起名。

在产生台风的西北太平洋北纬 10 度附近，夏天因为来自太平洋高压的东北信风和越过赤道的西南季风交汇在一起，产生了**热带辐合带**。在这里，有大量积雨云产生和发展，从这些有组织的云团中就诞生了台风。在这些可能成为台风的云团中，发育起来的积雨云内产生潜热释放，地面气压会降低，然后发展成热带气旋。从热带气旋发展到台风需要若干个条件，包括科里奥利力（第 1 册第 5 章）的作用、垂直风切变小、60 米深的海水温度达到 26 摄氏度以上、中层的大气湿润且不稳定等。

云朵小知识

在中国，热带气旋分为热带低压、热带风暴、强热带风暴、台风、强台风和超强台风 6 个等级。

台风通过来自海洋的水蒸气供应和来自积雨云的潜热释放而增强。台风从发育期到最强时，会形成一种被称为台风眼的结构，围绕台风眼会出现名为**眼墙**（**眼壁**、**云墙**）的、与强上升气流相伴的积雨云云墙。这时在眼墙的外侧会出现被称为**螺旋雨带**的降水区域。台风眼有比周围气温高的结构（**暖心结构**），在地面附近逆时针流动，又把汇集的空气在上部顺时针吹出。

非常强的台风会有多层眼墙，形成多重云墙结构（图 82）。此外，在发育起来的台风眼中，还有多个被称为**风眼微涡旋**的小涡旋（图 83）。风眼微涡旋绕着台风眼逆时针旋转，和台风本身的风叠加起来，不光导致风速变化很大，还可能使台风眼的形状变成五角形和六角形（**多边形眼**）。

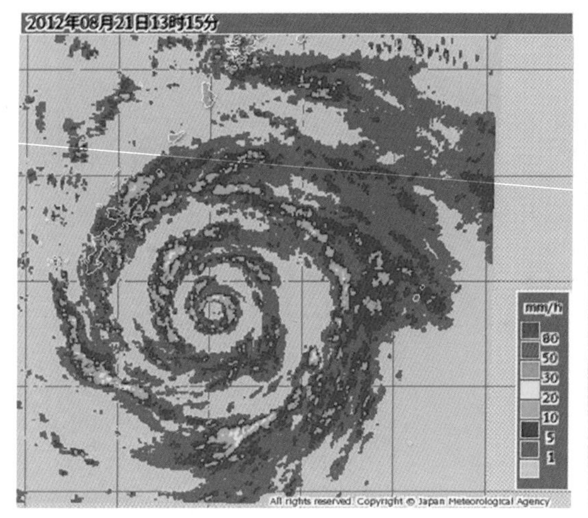

图 82　2012 年第 15 号台风所伴随的三重云墙

图像来自日本气象厅网站

图 83　将眼壁微涡旋可视化的云

2017 年 9 月 14 日 Terra 卫星拍摄的可见光图像，图像来自 NASA EOSDIS Worldview 网站

台风灾害涉及多个方面。发育起来的台风伴有平均风速 25 米每秒以上的**暴风区域**，有时中心附近最大瞬时风速可达 70 米每秒（时速 252 千米）。由于暴风，海面上会形成波涛汹涌的巨浪，台风中心附近因为气压低和暴风会导致风暴潮。在台风移动方向的右前方，由于有被称为**迷你超级单体**的高度低的超级单体，可能会发生龙卷风，所以台风逼近的时候也需要注意阵风灾害。

台风还有一个重要影响是会带来暴雨。在台风中心的北侧和东侧，螺旋雨带到达山区，常常导致地形性暴雨。例如，即使台风位于日本南边，在日本附近的静止锋的南侧也可能产生显著的暴雨（图 84）。虽然经常听到“台风带来的暖湿空气激发了锋”，但实际上，因为高空的急流和槽等的影响，下层的偏南风增强，由锋南侧来自台风的水蒸气供给导致了频繁的对流活动，这和暴雨也有关系，这种现象被称为**台风前暴雨**，所以即使台风离得较远，也需要警惕暴雨灾害。

台风在日本附近北上，受到高空的偏西风和槽的影响，结构发生变化，成为温带气旋。人们常常以为“台风如果减弱为温带气旋，就可以放心了”，然而实际上，只是其中的构造和发展机制改变了，变成温带气旋之后，有时中心气压会降低，然后作为气旋继续发展（图 85）。换句话说，气旋所伴随的暴风、强风区域比台风时的范围更大，也可能造成大雨和龙卷风等阵风。因此，无论是台风还是

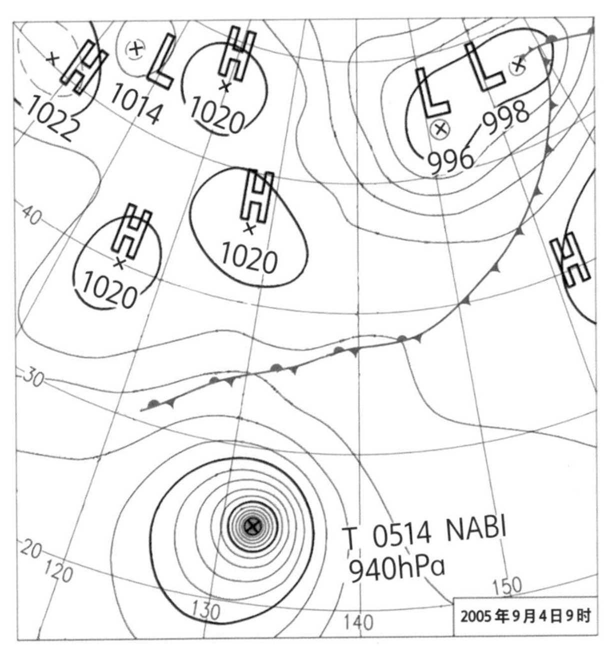

图 84　2005 年 9 月 4 日 9 时的地面天气图

当天在日本首都及周边发生了创纪录的暴雨。图像来自日本气象厅网站

温带气旋，在暴风雨彻底散去之前，都不要放松警惕。

因为台风是在海上发展的，所以一般使用卫星观测和台风靠近时的雷达观测来进行研究。还有研究人员使用无人机进入台风中，进行直接观测，希望借此获取更直接的台风数据。

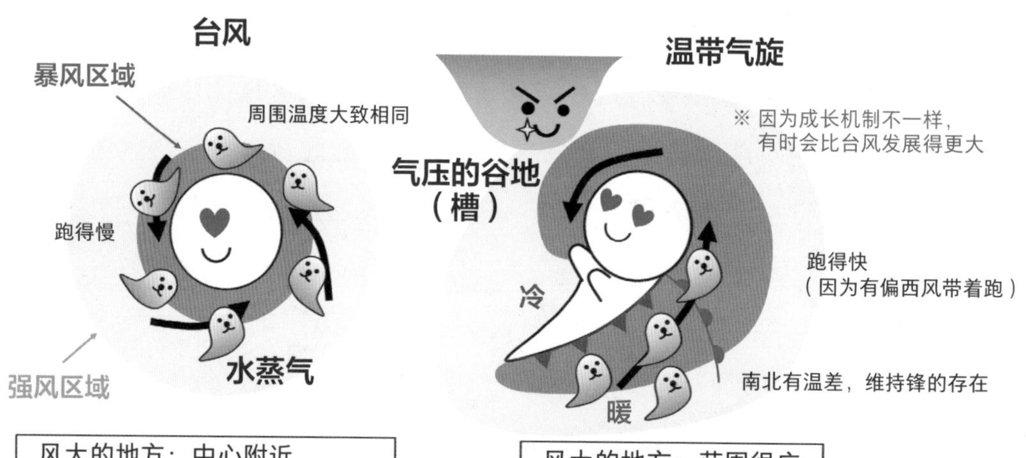

图 85　台风和温带气旋的不同

暴雪的机制

冬天各地会有降雪，有时还会有和大灾害相关的**暴雪**。在日本，靠日本海的西侧和靠太平洋的东侧导致下雪的云是完全不同的。尤其是在日本海一侧降雪比较多的地方，还有一些特别的暴雪区域，积雪深度有时可达 3—4 米。我们来思考一下这种积雪是什么样子的（图 86）。

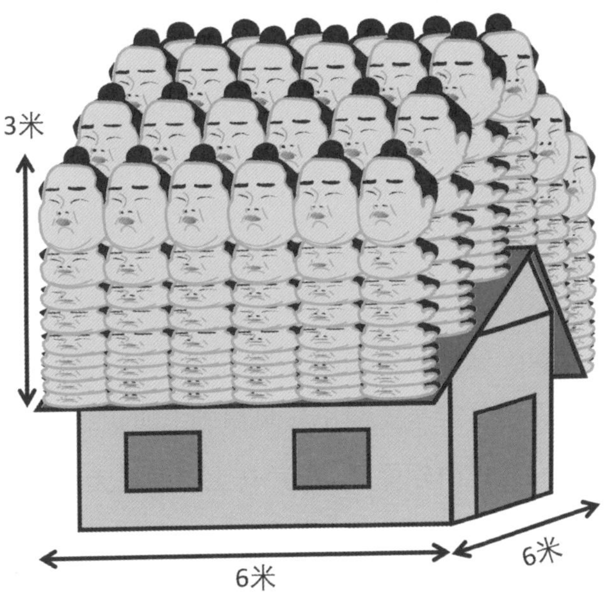

图 86　3 米积雪重量的图解

我们可以换算出1厘米深的新雪相当于1毫米的降水量，不过实际的积雪因为被其上的雪的重量所压缩，因此1厘米深的积雪相当于3毫米降水量。在此基础上，我们来思考一下，在一个6平方米的房屋屋顶上有3米深的积雪，这相当于1平方米的面积上有9个100千克的小号相扑手（0.9吨），整个屋顶总共相当于堆了324个小号相扑手（32.4吨）。因此，在这样的雪乡，除雪是一门生存必备技术。

云朵小知识

在中国，暴雪预警信号分四级，分别以蓝色、黄色、橙色、红色表示。12小时内降雪量将达或已达4毫米以上且降雪持续时，发布暴雪蓝色预警信号；12小时内降雪量将达或已达6毫米且降雪持续时，发布黄色预警信号；6小时内降雪量将达或已达10毫米以上且降雪持续时，发布橙色预警信号；6小时内降雪将达或已达15毫米以上且降雪持续时，发布红色预警信号。

海洋对于日本海一侧的暴雪来说是重要因素（图87）。在冬季，亚欧大陆因为辐射冷却的原因，地表附近气温可以降至零下30摄氏度以下，如果形成西高东低的冬季型气压分布，就会把这种冷空气以西北季风的形式吹向日本海。即使在冬天，日本海海面的水温也有5—15摄氏度，对于冷空气来说相当于是热水浴。陆地吹来的冷空气在海面上补充了热量和水蒸气，到日本本州岛附近就变成温暖湿润的气团了。像这种因为受到海洋等的影响，气团性质发生改变的情况，被称为**气团变性**。气团变性导致大气状态变得不稳定，发展出积雨云并到达本州岛的山区。于是通过播种供给机制，山区

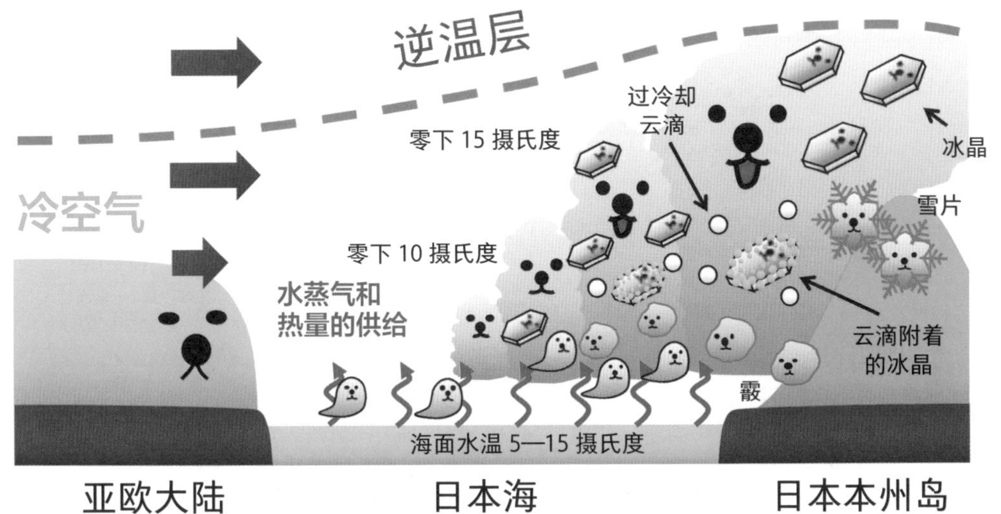

图 87　气团变性过程的图解

地形强化了降雪，形成暴雪。在日本，这样的大雪被称为**山雪型暴雪**。

冬季的日本海上也会发展出典型的可降雪的云系统（图 88）。在卫星图像上可以看到和来袭冷空气一同形成的**条状云**（**云街**），其中包括与冷空气方向平行和垂直的云。它们分别被称为**平行条状云**（**L 模云**）和**垂直条状云**（**T 模云**）。此外，从陆地吹出的冷空气和从朝鲜半岛的山区绕回的气流在日本海上空交汇，形成了名为**日本海极地气团辐合带**（Japan sea Polar air mass Convergence Zone，简称 JPCZ）的云系统，该系统伴随有发育起来的积雨云。

与 JPCZ 相伴的云持续形成着，带状降雪系统一旦停住，即使在平原地区也会形成暴雪，称为**里雪型暴雪**。此外，在冬季的日本海上，会发展出称为**极地低压**的中尺度气旋，又叫**冬季台风**（图 89）。它

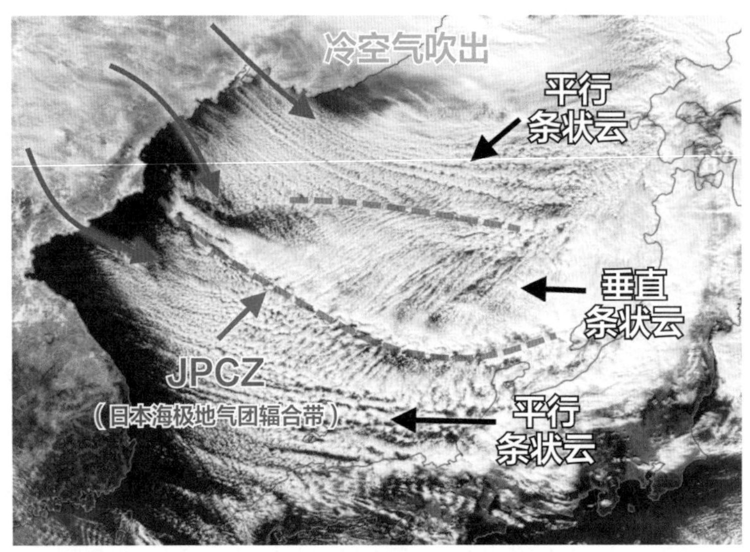

图 88　冬季日本海上出现的典型云系统

2013 年 1 月 13 日 Aqua 卫星拍摄的可见光图像，图像来自 NASA EOSDIS Worldview 网站

图 89　极地低压所伴随的云

2017 年 2 月 11 日 Terra 卫星拍摄的可见光图像，图像来自 NASA EOSDIS Worldview 网站

不仅会产生暴风雪并导致交通中断，还会造成大范围停电。

一般认为，日本海一侧导致降雪的云基本上都是积雨云，落到地面上的雪晶多数是霰和树枝状结晶的雪片。另外，太平洋一侧的暴雪是由被称为南岸气旋的温带气旋所导致的（图 90）。2014 年 2 月 14—15 日，伴随着南岸气旋的通过，在以日本中部内陆为中心的地区，发生了史上罕见的暴雪。这次暴雪不仅造成交通中断，还导致村庄被围困，引发雪崩，压塌建筑和温室大棚，造成停电等各种冰雪灾害。

因此，我衷心地希望大家能够了解雪，在有暴雪预报时能做好充分的准备。

图 90　南岸气旋所伴随的云

2014 年 2 月 15 日 SuomiNPP 卫星拍摄的可见光图像，图像来自 NOAA

5

引起恐慌的云和天空

真有“地震云”吗

社会上众说纷纭的“地震云”，都可以用气象学知识来解释。**云并不能成为地震的前兆。**然而，公众中经常有关于地震云的不科学的讨论，这是因为云朵知识的普及程度还不够。就算是名不见经传的普通人，也担心会被别人搞错名字，“地震云”也一样，错误的名字让人们对它产生了糟糕的误解。

“地震云”这个东西，首先定义就含混不清，如果说是“作为地震前兆出现的云”，那么从科学中立的立场来看，应该说“没有证据证明存在地震云”。这样说，有人也许会觉得将来可能会证明地震云的存在，但是这与证明幽灵存在是同一级别的、几乎不可能完成的任务。关于“地震云”，有种说法是由于地底深处的变化，向大气中发出电磁波从而形成云，但是这一过程还不是很清楚。假如来自地底深处的电磁波对云有某种影响，这种影响也不可能通过我们肉眼所见的云朵形状判断出来，至少人们常说的“地震云”都可以用力学、云物理学的知识来解释清楚。

有位云朵小朋友经常被公众误认为是地震云，如果查一下，你就会发现它是航迹云（图 91）。航迹云因为高空湿润而长大长胖，又在离观测地有一定距离的空中，由于透视效应的原因，看起来像

图 91　航迹云　2014 年 6 月 26 日摄于日本茨城县筑波市

是竖起来了。

山脉背风波等中高层大气重力波所伴随的波状云也经常被叫作地震云。虽然也有人认为这种波状云是由地下异常导致的重力场变化产生的，但是大气重力波的产生与大气状态有重要关系，和重力场变化没有关系。

当蓝天和云之间形成明显分界线的时候，也经常被当成是地震云（图 92）。如果从卫星观测上确认一下这种云，你会看到地上的静止锋和偏西风所对应的云长长地延伸着（图 93）。在这种气团边界处，经常出现蓝天和云层彻底分开的情景。

除此之外，高空气流所导致的辐辏状、荚状等形状的云也经常会被当成可怕的地震云。也有人说火红的晚霞、深红色的太阳和月亮跟地震有关系，其实这些都可以用瑞利散射来解释（第 3 册第 1 章）。最近，就连看到虹彩云、晕、弧等大气光学现象，也会有人跑到社交网站上问我："这是地震云吗？"

更有甚者，早就已经不限于云了，似乎什么样子的东西都能和地震联系到一起去。

你以为的"地震云"其实都是我们平时经常能在天空中看到的云朵。如果人们认定有"地震云"，那么偶然在天空中看到平时不常见的云就会以为是地震云，在大的地震发生后看到的本来很普通的云也会当成地震云。认知心理学领域对此可能有更深入的解释，不过我觉得可能是有些人认为自己不知道的现象都是不吉利的、想要将其分类才安心的心理在起作用。

图 92　高积云　2017 年 10 月 13 日摄于日本鸟取县东伯郡琴浦町，日本天气新闻供图

图 93　2017 年 10 月 13 日的云

黄色箭头所指的是图 92 的观测地点。“向日葵 8 号”卫星拍摄的可见光图像，图像来自日本气象厅气象卫星中心网站

现在，被问到“这是地震云吗？”的时候，我会回答“这是普通的 ×× 云”，让对方放下心来。问完放心了，但事情并没有完，如果你担心发生地震，那就从平时开始做准备吧。同时，也请爱上云吧。你可以一边享受云的美，一边倾听云的声音，还能预测天气变化，真的是一举多得。

雷达神秘事件

最近，很多智能手机应用可以根据实时雷达数据查看雨量信息。雷达观测数据中，包含有不下雨却出现的**非降水回波**（**晴空回波**），这有时也挺吓人的。

在冬季，有时会出现一个以雷达所在位置为中心的甜甜圈形状的回波，呈现为**亮带结构**（图 94）。

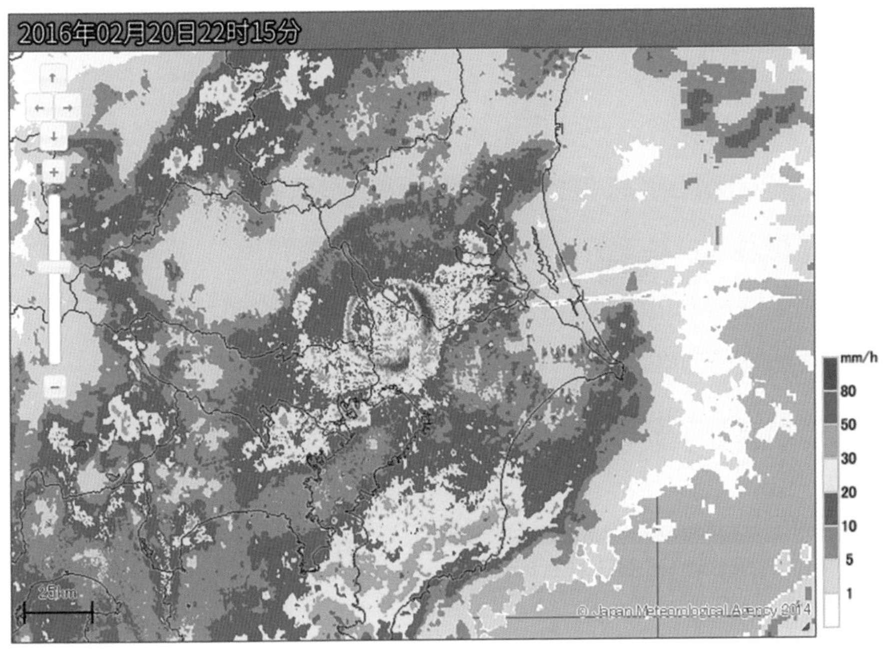

图 94　亮带

东京雷达（千叶县柏市）的图像，图像来自日本气象厅网站全国各地的雷达发射出特定波长的无线电波来观测降水粒子，通过测量降水粒子反射的波的强度来计算雨和雪的降水量。观测时雷达朝向天空的角度不断变化，对整个天空进行 360 度的扫描。我们看到的雨量信息是将这些观测结果以二维图像的形式展示出来的。当空中的雪在融化层融化成雨时，会产生强烈的反射波，雷达观测到的融化层就会显示为亮带。如果这种“甜甜圈”的直径大，说明融化层的高度高，如果直径小，说明高度低，因此可以利用这点来监测降雪是否到达地面。

此外，雷达可以观测到类似雨滴大小的东西，所以它也可以观测到大规模烧荒时飞舞的灰烬（图 95）、火山喷发时滚滚的烟尘等。除此之外，和海市蜃楼同样道理，大气下层的逆温层会使无线电波产生折射，在海面会有**海杂波**、陆地上会有**地物反射波**等噪声混入观测数据中。除了这种由自然现象引起的非降水回波，有时还有由仪器等硬件问题导致的观测异常（图 96）。

非降水回波有时会被用来研究夏天的局地大雨。在温暖季节的白天，昆虫比较活跃，它们乘着气流集中到局地锋的气流上升区域。昆虫和雨滴大小差不多，虽然比较弱，但是雷达也能观测到昆虫，借此可以监测海风锋等。在生态学领域，有时也同样用雷达来研究候鸟和蝴蝶的动态。

如果每天都用雷达研究云的运动，可能就会明白哪些回波是非降水回波。

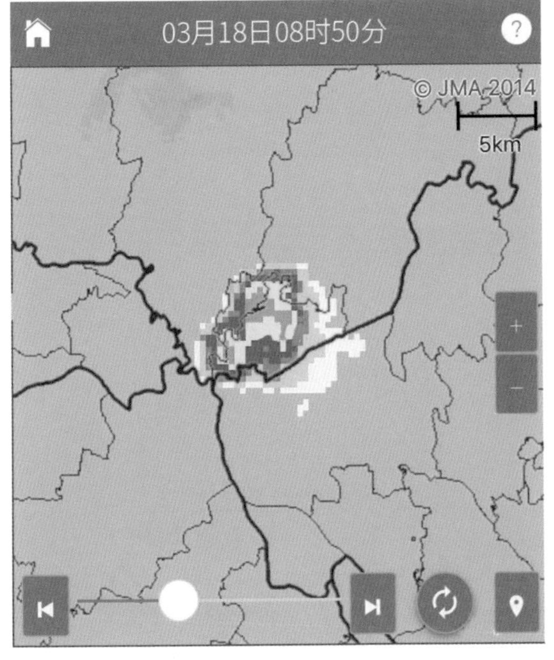

图 95　大规模烧芦苇时飞舞的灰所导致的非降水回波

图像来自日本气象厅网站

图 96　观测异常导致的非降水回波

图像来自日本气象厅网站

Original Japanese edition published by Kobunsha Co., Ltd.
Publishing rights for Simplified Chinese character arranged with Kobunsha Co., Ltd.
through KODANSHA BEIJING CULTURE LTD. Beijing, China.

著作权合同登记号：图字：01-2023-3890

图书在版编目（CIP）数据

超有趣的云科学．④，云的超能力／（日）荒木健太郎著；宋乔，杨秀艳译．--北京：中国纺织出版社有限公司，2023.10
ISBN 978-7-5229-0977-6

Ⅰ．①超… Ⅱ．①荒… ②宋… ③杨… Ⅲ．①云—儿童读物 Ⅳ．①P426.5-49

中国国家版本馆 CIP 数据核字（2023）第 167816 号

责任编辑：史倩 林双双 责任校对：高涵 责任印制：储志伟

中国纺织出版社有限公司出版发行
地址：北京市朝阳区百子湾东里 A407 号楼 邮政编码：100124
销售电话：010—67004422 传真：010—87155801
http: //www.c-textilep. com
中国纺织出版社天猫旗舰店
官方微博 http://weibo.com/2119887771
北京利丰雅高长城印刷有限公司印刷 各地新华书店经销
2023 年 10 月第 1 版第 1 次印刷
开本：710×1000 1/16 印张：36.5
字数：242 千字 定价：188.00 元（全 5 册）

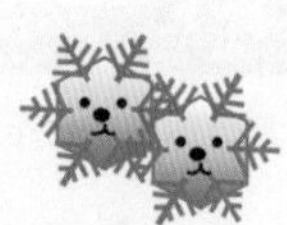